カッコウ類	コミミズク	その他のフクロウ類	ヨタカ	アマツバメ類	カワセミ類	ヤツガシラ	アリスイ	その他のキツツキ類	ヒバリ類	ツバメ類	セキレイ類	ヒヨドリ	モズ類	レンジャク類	カワガラス	ミソサザイ	カヤクグリ	イソヒヨドリ	大型ツグミ類	ノゴマ・ノビタキ	その他の小型ツグミ類	ウグイス類	キビタキ・オオルリ	その他のヒタキ類	カラ類	メジロ	ホオジロ類	カワラヒワ	その他のアトリ類	ニュウナイスズメ	スズメ	ムクドリ類	ホシガラス	その他のカラス類
◎		△	△	△				◎			◎	◎	◎	○		○			◎		◎	[illegible]	[illegible]	[illegible]	[illegible]	[illegible]	[illegible]	[illegible]	[illegible]	[illegible]	[illegible]	[illegible]	[illegible]	[illegible]
				△				◎			○	◎		△		△			○		△	[illegible]	[illegible]	[illegible]	[illegible]	[illegible]	[illegible]	[illegible]	[illegible]	[illegible]	[illegible]	[illegible]	[illegible]	[illegible]
◎		○	△	○	◎			◎			◎	◎	◎	◎		○			◎		◎	[illegible]	[illegible]	[illegible]	[illegible]	[illegible]	[illegible]	[illegible]	[illegible]	[illegible]	[illegible]	[illegible]	[illegible]	[illegible]
○							△	◎			◎	◎	◎	○				△	◎	△	◎	[illegible]	[illegible]	[illegible]	[illegible]	[illegible]	[illegible]	[illegible]	[illegible]	[illegible]	[illegible]	[illegible]	[illegible]	[illegible]
○		◎			◎			◎		◎	○	◎	△	◎	◎				◎		△	[illegible]	[illegible]	[illegible]	[illegible]	[illegible]	[illegible]	[illegible]	[illegible]	[illegible]	[illegible]	[illegible]	[illegible]	[illegible]
○		○		○	○			◎		○	◎	◎	○	○	○	○			◎		◎	◎	◎	○	◎	△	◎	○	◎	○	○	◎		◎
								△			○	◎		◎					◎						○			◎	◎		◎	◎		◎
◎		○	△	△				◎			◎	◎	◎	○					◎	△	◎	◎	◎	○	◎	△	◎	○	○	○	◎	○		◎
○					○		△	○	△	◎	◎	○	○						○	◎		◎			◎		○	○	○		◎	◎		◎
								◎			○	◎	◎	○					◎			○	○		◎		○	◎	○	○	◎	◎		◎
△								○			◎	○	○							◎		◎			○		◎	◎	○		◎	○		◎
					○			△	◎		○	○							△	○					○			○			◎	△		◎
					○						◎								○															
△							△	△	○	○	◎	○	◎						△	◎	△	◎			△		◎	◎	○		○	◎		○
									◎		◎	△	△																					
◎		△	△					◎			○	◎	○	○					◎		○	◎	◎	○	◎		◎	○	◎	○	△	○		○
◎		△			○			◎			◎	◎	○	○		△			◎		○	◎	◎	○	◎		◎	○	◎	○	△	◎		○
△	△										○		△							◎		◎					◎	◎	○		△	△		○
											○																	△	△					○
◎								◎			◎	◎	◎	○					◎		◎	◎	◎	◎	◎	△	◎	◎	○	○	○	◎		○
				◎						◎	△								○	◎		◎					◎	◎						△
△											○		○						◎	◎		○			△		○	◎	○		△	△		○
◎		△	△	△			○	◎			△	◎	○						◎		◎	◎	◎	○	◎	△	◎	○	○	○	△	◎		△
◎		○		△	○		○	◎	△		◎	◎	○	○		△			◎	△	◎	◎	◎	○	◎	○	◎	○	◎	○	△	◎		○
◎		○	△		○			◎			◎	◎	○	△					◎		◎	◎	◎	○	◎	△	◎	○	◎	○	△	◎		○
○					◎			◎			◎	◎	○						◎		△	◎	○	△	◎	△	○	◎	○	◎	○	◎		◎
△					○		○	○	△	△	○	△	△							○		○			○	△	△	△	△	△	○	○		◎
																															△			○
○		○			◎		○	◎			◎	○	△	○					◎	○	○	◎	○		◎		○	◎	○	◎	○	◎		◎
○		△						◎			○			△	○				◎		△	○	◎	△	◎			△	△					△
								◎			△	○	△						○		△	○	○	△	◎	△	○	◎	○	○	◎	◎		◎
								◎				○							◎	○	◎	◎	◎	◎	◎	○	◎							○
○								○			◎	◎	△						○		○	◎	◎	△	◎		○	○	△		△	△		○
○					○			◎			○	◎				○			◎		○	◎	○	△	◎		◎	○	△	△	△	○		○
		◎						○			○	○							△		△	△			○		△	△		△	◎	◎		◎
○								○		○	◎	○	△						◎		△	○	◎	△	◎		△	△	△	◎	○	△		○
◎		△						◎			◎	◎	△	○					◎		○	◎	◎	△	◎	△	◎	○	◎	◎	○	◎		○
◎		△						◎		△	○	○							◎		◎	◎	◎	△	◎	△	◎	○	○	○	△	○		○
○					○			○	○		○	○	○	○					○	○		○			○		○	○	◎			○		○
◎	△	○			◎			◎				△				△			◎		△	◎	◎	○	◎	△	◎	◎	○	○	○	◎		△
○								◎		◎	◎					△	◎			◎	○	○		○	○		○		○				○	△
								◎				◎		◎					◎			◎	◎	○	◎				◎					
○								◎			◎	◎				△			◎	○	○	◎	○	○	◎		◎	○	◎	○		○		△
○	△	△		◎	○	○	○	○	○	○	◎	○	○	○		△		○	○	◎	○	◎	○	○	◎	△	◎	◎	○	△	◎	○	△	◎
					○			△			○		△	△					○						○		○		○					○
○							△		○		◎		△							◎		◎					◎	○	◎		△	○		○
○							△				◎									◎		◎					◎		◎					△
△							△				◎									◎	△	◎					◎	○	○					△
◎		△					△	◎			◎	○	○						◎	◎	△	◎	○	△	◎	△	◎	○	◎	◎		◎		○
				△			△				◎	△	△							◎		◎			△		◎	○	◎					△
																																		○
○	△	△	△	○	△	○	○	◎	○	○	◎	△	○	○		○	○	○	◎	◎	◎	◎	◎	△	◎	△	◎	○	◎	○	◎	○	○	◎

A Guide to Bird Watching
in Hokkaido

増補新版

北海道
野鳥観察地ガイド

大橋弘一 著

北海道新聞社

C o n t e n t s

[目次]

5……はじめに
6……本書の使い方

7……第1章 **道央** 石狩・空知・後志
8……藻岩山
10……円山公園
12……西岡公園
16……豊平公園
20……真駒内公園
24……定山渓
26……山の手通
30……宮丘公園
32……新川河口
36……篠路五ノ戸の森緑地／篠路団地河畔緑地
40……東屯田川遊水池/創成川
42……いしかり調整池
44……石狩川河口
46……石狩湾新港東浜
50……北広島レクリエーションの森
52……青葉公園
54……長都沼
56……小樽港
58……長橋なえぼ公園
60……神威岬
62……寿都湾
66……旭ヶ丘総合公園
68……野幌森林公園
72……利根別自然休養林
74……東明公園
76……宮島沼
80……袋地沼
82……滝川公園
86……滝里湖
88……道央 その他の観察地
ⓐ北大植物園／ⓑ支笏湖野鳥の森／ⓒ手稲山軽川／ⓓ恵庭公園／ⓔ市来知神社

89……第2章 **道北** 上川・留萌・宗谷
90……かなやま湖
92……神楽岡公園
94……嵐山公園
96……永山新川
98……鳥沼公園
100……大雪山旭岳
104……キトウシ森林公園
106……ふうれん望湖台自然公園
108……天売島
112……クッチャロ湖／ベニヤ原生花園
116……下サロベツ
118……サロベツ湿原/兜沼
120……メグマ沼湿原
122……稚内港
124……利尻島
126……道北 その他の観察地
ⓐ大雪山黒岳／ⓑ浮島峠／ⓒ御車沢林道／ⓓ智恵文沼／ⓔ啓明

127……第3章 **道東** 十勝・釧路・根室・オホーツク
128……帯広川
130……千代田新水路
134……豊北トイトッキ
138……湧洞沼
142……阿寒タンチョウ観察センター
144……鶴見台

札幌Map

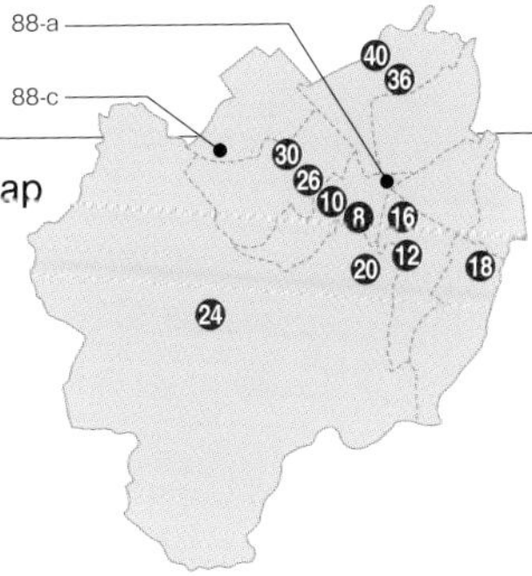

北海道Map

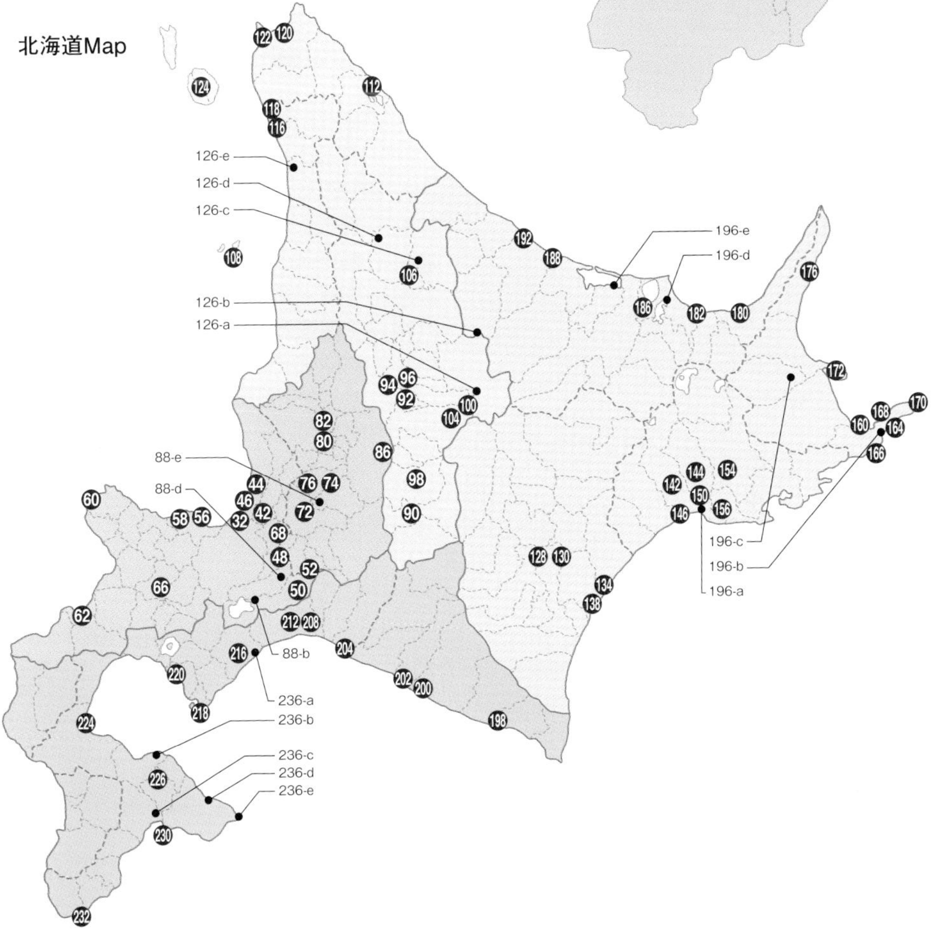

数字は掲載ページを示します

146……星が浦川河口
150……春採公園
154……塘路湖／シラルトロ湖
156……釧路町森林公園
160……春国岱
164……花咲港／花咲岬
166……落石／落石ネイチャークルーズ
168……明治公園
170……納沙布岬
172……野付半島
176……羅臼漁港
180……斜里漁港
182……濤沸湖／小清水原生花園
186……卯原内
188……コムケ湖/シブノツナイ湖
192……オムサロ原生花園
196……道東　その他の観察地
ⓐ千代の浦マリンパーク／ⓑ根室市民の森／
ⓒ丸山公園／ⓓ網走湖／ⓔキムアネップ岬

197……第4章 **道南** 日高・胆振・渡島・檜山
198……日高幌別川
200……静内川河口
202……判官館森林公園
204……鵡川河口
208……ウトナイ湖
212……北海道大学苫小牧研究林
216……ポロト自然休養林
218……地球岬／測量山
220……長流川
224……遊楽部川
226……大沼森林公園／大岩園地
230……函館山／函館湾
232……白神岬
236……道南　その他の観察地
ⓐヨコスト湿原／ⓑ砂崎岬／ⓒ八郎沼公園／
ⓓ南茅部／ⓔ恵山

237……観察地地名索引
238……ワンポイントアドバイス　ここでこの鳥
239……あとがき

〈表紙写真〉右上・ヒレンジャク、下・ベニマシコ
〈裏表紙写真〉アカゲラ 〈背表紙写真〉コヨシキリ 〈扉写真〉オオハクチョウ

はじめに

大橋弘

SNSやブログで個人が野鳥情報を発信することは当たり前になった。珍鳥の出現情報はもとより「今、どこで、何の鳥が」出現しているということを誰もが簡単に知ることができる時代になった。野鳥観察という、行為自体は至ってアナログな趣味の世界にも、高度な情報化がずいぶん影響を及ぼしていることを痛感する昨今である。その恩恵によって憧れの鳥に出会うことができたと喜んでいる人も多いだろう。私自身、ネットから得た情報で効率よく撮影が進められるようになってきたことを誠にありがたく感じている。

しかし、そうして得た情報で、あたかもカーナビに誘導されるかのように目的の鳥に迷いなく出会えたとして、その喜びはどれほどのものだろうか。自ら鳥の分布や生態を勉強し、ここならいるかもしれないと考え、現場では五感を研ぎ澄ませて一心不乱に鳥を探す…。自力で一から探し出し、その結果として見たかった鳥とやっとの思いで巡り合う。そのかけがえのない感動こそが野鳥観察の醍醐味であるはずだ。ネットなどから得られる情報だけに頼っているとこうした野鳥観察本来の喜びに至る過程がすっかりスポイルされてしまうリスクがある。これが今という時代の弱点だとも言えるだろう。

とはいえ、全く何もない状態から鳥を探すことは初心者にとってバードウォッチングへのハードルをいたずらに高くしてしまうだけだ。

本書は、前身の『北海道野鳥観察地ガイド』刊行から10年、こうした時代背景に合わせて大幅に内容の刷新を図ったものである。北海道の野鳥観察地の最新の情報を必要かつ十分に提供し、観察地そのものの変化を伝えることはもちろん、誰もが野鳥を見ることの本来の喜びを得られるようにと願って作られた。新しく14カ所の観察地情報を追加し、さらに46観察地の掲載内容をリニューアルして現状を伝えるよう工夫した。本書の掲載内容を情報のベースとしながらフィールドへ出向いて頂き、ぜひ自身の力で鳥を探し、見つけ出し、鳥との出会いの喜びを感じて頂ければ幸いである。

本書の使い方

標題下のアイコン
Pマーク　駐車場の有無を示します。
トイレマーク　トイレの有無を示します。
携帯マーク　携帯電話の電波が通じるかどうかを示します（ソフトバンク社の携帯による例示です。機種によっても状況が異なりますので、目安程度にお考えください）。

MAP
観察地内のどこでどんな鳥が見やすいかを例示しました。観察時期がわかるように鳥種名を渡り特性によって色分けしてあります。（赤＝夏鳥／青＝冬鳥／緑＝旅鳥／紫＝留鳥）
なお、地図上の緑色の部分が目的の観察地です。（濃緑色＝森林環境／淡緑色＝草原環境）

お目当ての鳥
この場所を特徴づける鳥や比較的観察機会の少ない鳥など、ここを訪れたらぜひ見てみたい鳥の一例を示しています。

時期
観察に適した時期の目安を月単位で示しています。半分色付けされた月は前半または後半を示します。色のない月でも全く鳥が見られないというわけではありません。

装備など
左から順に、「双眼鏡があると便利」「望遠鏡があると便利」「スニーカーで大丈夫」「長靴が必要」「車の中からの観察に適している」「スキーかスノーシューで冬も探鳥できる」という意味をアイコンで表示しました。色付けは可能性の度合いを表しています。

カテゴリー
観察できる鳥の例を〝類〟単位で順不同に表示しました。カラ類にはシジュウカラ科、ゴジュウカラ科、エナガ科、キバシリ科を含みます。ウグイス類はセンニュウ類、ムシクイ類などを含むウグイス科を意味します。ワシ類とはオオワシ、オジロワシを示します。また、一部、種がはっきりしているものについては種名で表示しています（ヒヨドリなど）。

珍しい鳥の記録
これまでにこの場所で記録された〝珍鳥〟の例です。ただし、何が珍鳥かは人によって異なりますので、著者の判断によるひとつの目安とお考えください。

アクセス情報
現地までの交通機関などの情報です。

探鳥会
主催団体の連絡先（電話番号）は次のとおりです。
日本野鳥の会札幌支部　011-613-7973
千歳市自然環境係　0123-24-0597
北海道野鳥愛護会　011-251-5465
（北海道自然保護協会気付）
旭川市博物館　0166-69-2004
利尻町立博物館　0163-85-1411
浦河探鳥クラブ　0146-28-1342
（浦河町立郷土博物館気付）
※ここに連絡先の記載がない団体は、電話番号を公開していません。各団体のホームページからアクセスしてください。

施設
付近の野鳥や自然に関する情報が得られる施設。探鳥地の中だけではなく、近隣にある場合もあります。

MEMO
参考情報として、探鳥に関する細かい情報や注意点、鳥以外の自然などについて特筆すべき点を記しました。

鳥の種名表示について
本書では、鳥の種類については種名での表記を原則とし、亜種名は表示していません。例えば、フクロウは亜種エゾフクロウを、ゴジュウカラは亜種シロハラゴジュウカラを、エナガは亜種シマエナガを、カケスは亜種ミヤマカケスを、それぞれ指しています。ただし北海道で複数の亜種が見られる鳥については、できるだけ種名とともに亜種名も記載しました（ヒシクイなど）。

観察地別早見表について
前、後ろの表紙裏には観察地ごとに見られる鳥の早見表を付けました。目的の鳥を見るためにはどこへ出かければいいかが効率的に分かると思いますので、活用してください。

第1章 道央

石狩・空知・後志

オグロシギとコアオアシシギ（9月、いしかり調整池）

藻岩山

所在地：札幌市中央区・南区

クロツグミ

散歩を兼ねての野鳥観察にぴったり 新緑の季節、たくさんの鳥に出会える場所

藻岩山は標高531mと決して高い山ではないが、市街地に隣接した貴重な緑地として古くから親しまれてきた札幌のシンボルである。円山とともに豊かな植物相が北海道初の国の天然記念物指定を受けた歴史を持つ。

鳥類の生息地としても優れており、一般的な森林性の鳥はほとんどが普通に見られ、人気のクマゲラやフクロウも通年生息している。「慈恵会病院コース」「旭山記念公園コース」「小林峠コース」などの登山道を行けば、それぞれに探鳥が楽しめるが、ここでは北麓の旭山記念公園と東側の山鼻川沿いの遊歩道をご紹介する。

旭山記念公園は起伏が緩やかで誰もが利用しやすい探鳥地としておすすめ。キビタキやクロツグミ、センダイムシクイなどの夏鳥が多く、人気のエナガ（亜種シマエナガ）も見られ、数少ない旅鳥のムギマキも毎年現れる。そのまま藻岩山登山道へ進めば５月頃ならコルリやウグイス、ヤブサメ、コサメビタキ、ツツドリなどが見られる。

山鼻川は、藻岩山の南東の角にある親水公園から山鼻川緑地までの約１㎞の区間、川沿いに歩道が設けられており、５月の探鳥に最適の場所だ。芽吹き始めた木々にキビタキやルリビタキ、オオルリ、マミチャジナイ、キクイタダキなどが次々に現れ、背景が藻岩山の急峻な地形のため鳥までの距離が近い。カワセミやキセキレイなど川の鳥も間近に見られる。

旭山記念公園から続く藻岩山登山道（５月中旬）

●お目当ての鳥：キビタキ、オオルリ、クロツグミ、クマゲラ、フクロウ　●時期：1 2 3 4 5 6 7 8 9 10 11 12

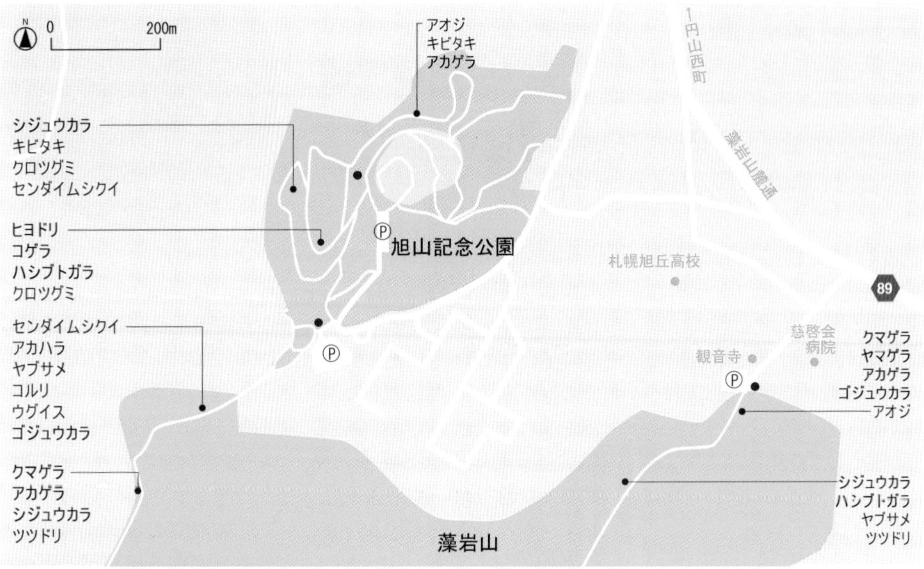

●トイレ　Ⓟ駐車場

藻岩山の東側山麓を流れる山鼻川は初夏の絶好の探鳥ポイント（5月下旬）

MEMO

◎冬、旭山記念公園の遊歩道は一部を除いて除雪されている。そのため長靴で気軽に歩き回れ、カラ類の混群やキツツキ類、ヒヨドリなど身近な鳥をじっくり見るには最適だ。
◎ロープウエーから見下ろせる場所にフクロウの冬のねぐらがある。夏には昼間も飛び回ることがあり、観察の可能性もある。
◎藻岩山の一帯は有数のエゾリス観察地としても知られている。

冬の旭山記念公園（1月下旬）

●装備など

●カテゴリー

カラ類／キツツキ類／大型ツグミ類／ヒタキ類／ウグイス類／ホオジロ類／小型ツグミ類／アトリ類／カッコウ類／フクロウ類／ムクドリ類／ヒヨドリ／カケス　など

●アクセス情報

◎旭山記念公園へは、札幌市営地下鉄東西線円山公園駅からJRバス「西13旭山公園線」で乗車約10分「旭山公園前」下車、徒歩約5分。

◎藻岩山の慈啓会病院登山口へは、円山公園駅からJRバス「環12ロープウェイ線」で「慈啓会前」下車、徒歩約5分。

◎車の場合、旭山記念公園へは札幌市街中心部から南9条通経由で約6km。広い駐車場がある。慈啓会病院登山口へは国道230号などから藻岩山麓通経由で約5.5km。駐車場は狭い。

円山公園

所在地:札幌市中央区

オシドリ

親しみやすい札幌の代表的な探鳥地
オシドリ母子は公園のアイドル

古くから札幌の代表的な探鳥地として親しまれている円山エリアは、国の天然記念物「円山原始林」をはじめ、野生動物や山野草などの宝庫として知られている。最も親しみやすく誰にでも安心して野鳥観察を楽しめる場として、まずは気軽に円山公園を訪ねてみよう。

地下鉄東西線の「円山公園」駅から西へ約300m歩けばメインの入口に着く。ここが、南北に長い円山公園のほぼ中央部で、中核施設のパークセンターがある。冬から春にかけてはこの周辺でマヒワがしばしば見られる。ここから遊歩道を北へ進めば夏にはオシドリが暮らす2つの池があり、6月初旬頃から雛を連れた雌親が現れ、遅い場合は8月頃まで可愛らしい雛たちの姿が楽しめる。人を恐れないオシドリ母子は円山公園のアイドルとして多くの市民に親しまれている。

パークセンターから南へ進めば南一条通りをはさんで坂下グラウンド側へ出るが、この周辺から公園最南部にかけてが森林性の鳥たちの多いエリアだ。5月頃のキビタキやセンダイムシクイ、コサメビタキなど夏鳥のほか、冬から春にはイスカが針葉樹に現れ、年間を通してエナガ（亜種シマエナガ）も見られる。クマゲラやオオアカゲラ、ヤマゲラなどは公園最南部の「北海道方面委員慰霊碑」周辺がポイントだ。公園の西側は北海道神宮に続いており、その境内でもカラ類をはじめ春先にはマヒワやウソなどが観察できる。

人々とともにオシドリ母子が暮らす円山公園（6月下旬）

●お目当ての鳥：イスカ、シマエナガ、オシドリ、クマゲラ、ムギマキ　●時期：1 2 3 4 5 6 7 8 9 10 11 12

●トイレ　Ⓟ駐車場

人のすぐそばまでやってくるオシドリ母子

マヒワ

イスカ

MEMO

◎隣接する北海道神宮もカラ類やアトリ科の鳥などをはじめ鳥の多い場所。参拝客の少ない時期には円山公園と併せて探鳥するのも楽しい。

◎円山公園の西隣にある円山動物園にはオオワシ、オジロワシ、シロフクロウ、エゾフクロウなど北海道に縁のある鳥類も飼育展示されている。探鳥のついでに見学するのもおすすめ。

●装備など

●カテゴリー

カラ類／キツツキ類／小型ツグミ類／大型ツグミ類／ヒタキ類／ムシクイ類／ホオジロ類／レンジャク類／セキレイ類／フクロウ類／カッコウ類／アトリ類／カモ類　など

●アクセス情報

◎札幌市営地下鉄東西線「円山公園」駅下車、3番出口より徒歩5分

◎駐車場（有料）は競技場利用者のためのもので公園からは離れた場所にあり、利用しにくい。北海道神宮の駐車場など近隣の有料駐車場は料金が割高であり、駐車場事情の観点から車での探鳥はお勧めできない。

●探鳥会

日本野鳥の会札幌支部主催で毎月第2日曜日に行われる。

●施設

円山公園パークセンター
TEL 011-621-0453

石狩・空知・後志｜にしおかこうえん

西岡公園

所在地：札幌市豊平区西岡

ヤマゲラ

大都市にある道内屈指の観察地
季節ごとの鳥たちが森と水域の両方で楽しめる

明治時代に月寒川をせき止めて作られた水道供給用の旧「水源池」を中心とする約40haの自然公園だ。この池はすでにその役割を豊平峡ダムに譲って久しく、今では自然の沼のように周囲の森や湿地にすっかり溶け込んでいる。これまでここで記録された鳥類は140種以上に上り、道央圏はもちろん道内でも屈指の探鳥地のひとつとなっている。

野鳥観察は通年可能だが、森林環境が中心であるだけに4月下旬から5月にかけての新緑の時期が最も楽しめる。キビタキ、オオルリ、クロツグミ、コルリなど姿も声も美しい夏鳥たちの美声が森じゅうに響き、池ではカワセミが魚捕りに忙しい。湿原の木道にはクイナが姿を現すこともある。

7月まで小鳥たちのさえずりが聞かれるが、葉が繁るとその陰に隠れて鳥の姿そのものは見えにくくなる。8月には池面をハリオアマツバメが飛び交い、キアシシギなどのシギ類も入る。春秋の渡りの季節にはムギマキやマミジロなどが森に立ち寄り、池は数種類のカモ類やカイツブリなどでにぎわう。ヤマセミは秋に姿を現すことが多い。

冬には、芝生広場に設置されるバードテーブルで身近な鳥が至近距離からじっくりと観察できる。カラ類キツツキ類の常連に交じってミヤマホオジロやアトリが見られる年もある。大木の樹洞にはフクロウがねぐらを取り、クマゲラやヤマゲラも冬のほうが観察しやすい。

取水塔のある水源池を望む（5月上旬）

●お目当ての鳥：キビタキ、オオルリ、カワセミ、ヤマセミ、クマゲラなど　●時期：1 2 3 4 5 6 7 8 9 10 11 12

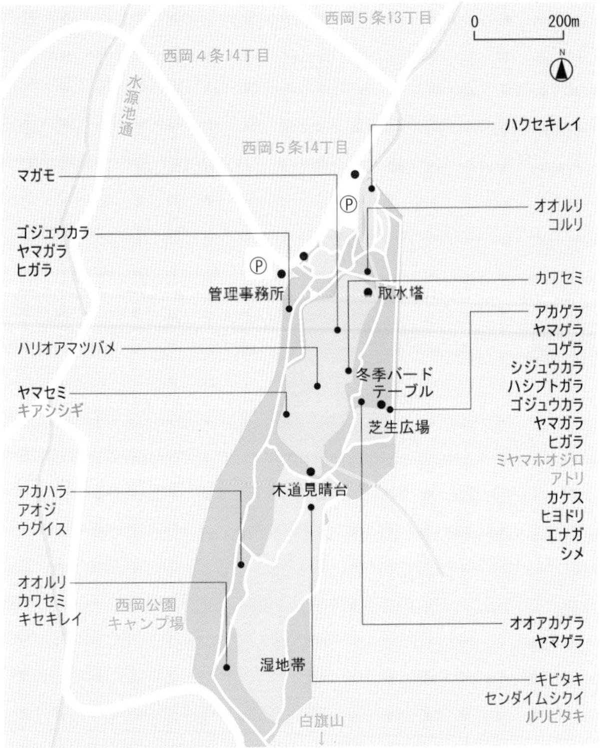

●トイレ　Ⓟ駐車場

湿地には木道が整備されている（８月下旬）

池の西側の遊歩道（８月下旬）

●装備など

●カテゴリー

ヒタキ類／大型ツグミ類／小型ツグミ類／ホオジロ類／ウグイス類／カッコウ類／カラ類／キツツキ類／レンジャク類／シギ類／カワセミ類　など

●珍しい鳥の記録

マミジロキビタキ、ムギマキ　など

●アクセス情報

◎札幌市営地下鉄南北線澄川駅から中央バス西岡環状線で「西岡水源池」下車。

◎車の場合は、国道36号から羊ヶ丘経由で水源池通へ。または、国道230号から真駒内経由で水源池通へ。いずれも札幌市街地中心部から約12km。

●探鳥会

日本野鳥の会札幌支部主催で毎月第１日曜日に行われる。

●施設

西岡公園管理事務所
TEL 011-582-0050

センダイムシクイ

エナガ

MEMO

◎湿地帯を中心に40種以上ものトンボが見られる場所として有名で、夏にヘイケボタルも見られる。またエゾアカガエルやエゾサンショウウオの生息地でもある。鳥以外の生きものにも注目してみたい。

◎湿地帯のミズバショウをはじめ林床のフクジュソウやオオバナノエンレイソウ、ニリンソウなど季節ごとの草花も多数見られる。６月ごろのギンリョウソウは見もの。

盛夏の“西岡公園名物”ハリオアマツバメ。群れで水源池に飛来し、
水をすくい取るようにして飲む（7月下旬）

豊平公園

所在地：札幌市豊平区豊平

市街地のささやかな緑地は鳥たちのオアシス 野鳥観察のワンダーランド

林業試験場の跡地を利用して造られた都市公園。周囲は住宅などの密集する市街地であり、しかもこの公園の緑地部分はわずか200m四方ほどしかなく、全体的には庭園の雰囲気である。花壇や植栽された植物ばかりが目につく人工的空間であり、一見野鳥が多い場所には見えない。ところが、実際には森林性の鳥を中心に100種を超える鳥が記録されており、しかもその中には観察機会の少ない珍しい鳥も含まれている。市街地の中のささやかな緑地が鳥たちにとってはオアシスのような存在となっているのだろう。

ここで繁殖が確認されているのはヒヨドリ、クロツグミ、ハシブトガラ、ヤマガラ、ヒガラ、アオジ、コムクドリ、マガモなど。渡りの時期などに定期的に見られるのはコマドリ、ルリビタキ、トラツグミ、マミジロ、ミヤマホオジロなど。そして迷行してきたものとしてアリスイやクマゲラ、ヤマゲラ、ジョウビタキ、オジロビタキ、イスカ、ナキイスカなどの記録がある。ベテランのバードウオッチャーがぜひ見たいとうらやむような鳥の名が並び、この公園の存在価値が際立つ。イスカに加えギンザンマシコ、キクイタダキ、メボソムシクイなど針葉樹林を好む鳥もよく出現し、これは針葉樹見本園があるためと考えられる。池にはマガモだけでなくコガモやヒドリガモなどもやって来る。春秋の渡りの時期を中心に、いつ、どんな鳥が出現するかわからないワンダーランドのような探鳥地だ。

庭園風に作られた池（５月下旬）

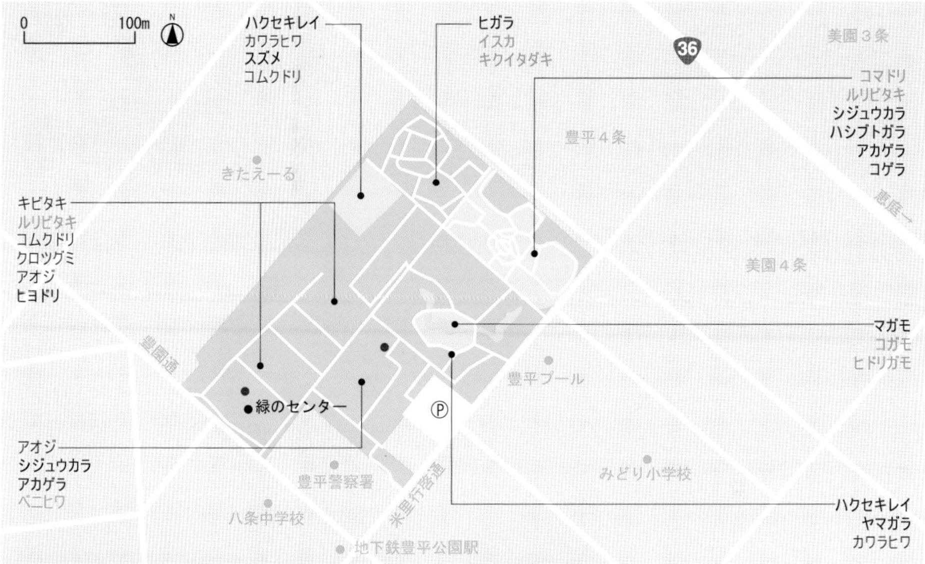

●トイレ　Ⓟ駐車場

舗装された遊歩道（５月下旬）

マガモ

イスカ

●装備など

●カテゴリー

カラ類／キツツキ類／小型ツグミ類／大型ツグミ類／ウグイス類／スズメ類／ムクドリ類／タカ類／ハヤブサ類／ハト類／セキレイ類／ヒタキ類／ホオジロ類／アトリ類／レンジャク類／カラス類　など

●アクセス情報

◎札幌市営地下鉄東豊線豊平公園駅下車、すぐ。

◎車の場合、札幌市街中心部から国道36号経由で約４km。駐車場は７時から21時まで利用できる（冬季は９時半から）。７時以前には車では来られないので注意。

MEMO

◎珍鳥ではないが、ここの環境を考えると珍しいイソヒヨドリやオオヨシキリ、オオジュリン、ノビタキなども記録されている。

◎アカゲラが繁殖した際、写真を撮ろうと営巣木の近くに多くの人が長時間滞在したためアカゲラが巣を放棄した事例があった。普通種であっても繁殖中は近づかないことが鉄則だ。この場所に限らずマナーを守ろう。

◎公園内には花と緑に満ちた暮らしを提案する緑化植物園「緑のセンター」があり、植物や園芸に関する催事などが行われるほか、温室では冬も花が楽しめる。また野草園ではカタクリやエゾエンゴサクなどの野草も見られる。鳥だけでなく、草花も一緒に楽しむとよい。

植栽されたブンゴウメの花にやって来たコムクドリ（5月中旬、豊平公園）

真駒内公園

所在地:札幌市南区

ヒレンジャク

豊富なナナカマドの周辺が観察スポット 冬季もレンジャク類など楽しみが多い

面積46haもの広大な北海道立公園だ。1972年に行われた札幌冬季オリンピックのメイン会場だった場所で、アイススケート場や屋外競技場などがあり、その周辺が植栽によって緑地化されている。人工物が多く、緑地と言っても疎林のイメージで自然度は高くない。ウォーキングや歩くスキーなどを楽しむ市民憩いの場といった雰囲気だ。

しかし、公園の南側などで自然林と接しているためか思いのほか鳥が多く、冬季のレンジャク類やツグミ類、アトリ類などの観察地として楽しみが多い。鳥たちのお目当てはナナカマドの実。特に、競技場(真駒内セキスイハイムスタジアム)の南西部にはナナカマドがたくさん植えられているため、その周辺が一番の観察スポットになっている。ナナカマドの木は他にも「きのこ広場」「かしわ広場」や緑橋付近、中央橋付近など公園内の各所にあり、いずれも鳥たちの好適な採餌場となっている。ヒレンジャク、キレンジャクは毎年ほぼ確実に見られ、年によってはノハラツグミ、ハチジョウツグミや北海道では夏鳥であるはずのトラツグミが居つくこともある。園内にはカラマツも多く、その実を食べにやってくるのはベニヒワやマヒワなど。また、イスカとともにナキイスカが居ついていた年もあった。

公園内を流れる真駒内川はヤマセミやカワガラスの観察地であり、また公園南西部にある大木には毎年のようにフクロウが冬のねぐらを取る。

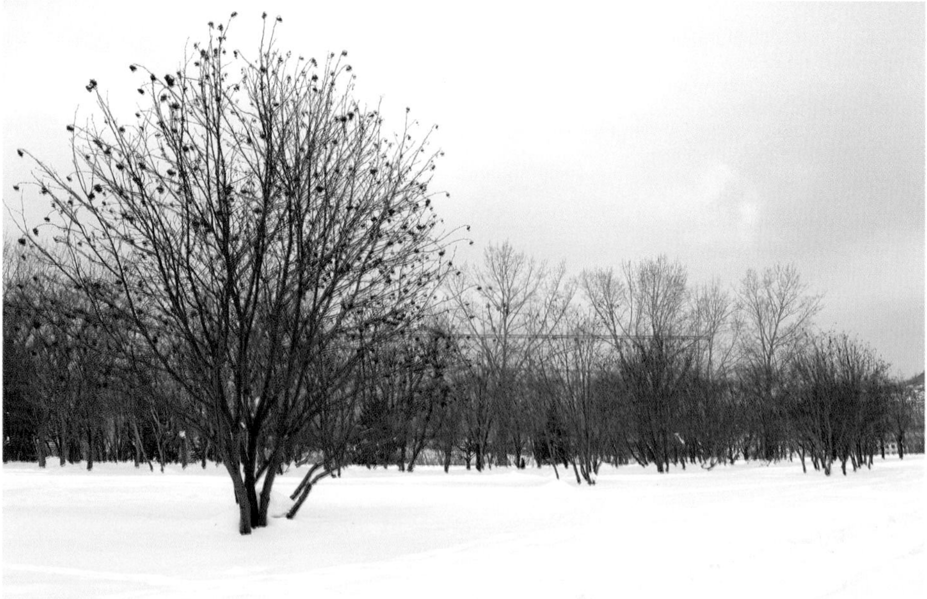
冬の真駒内公園(1月上旬)

●お目当ての鳥：キレンジャク、ヒレンジャク、ベニヒワ、イスカ、ヤマセミ、シマエナガ　**●時期：**1 2 3 4 5 6 7 8 9 10 11 12

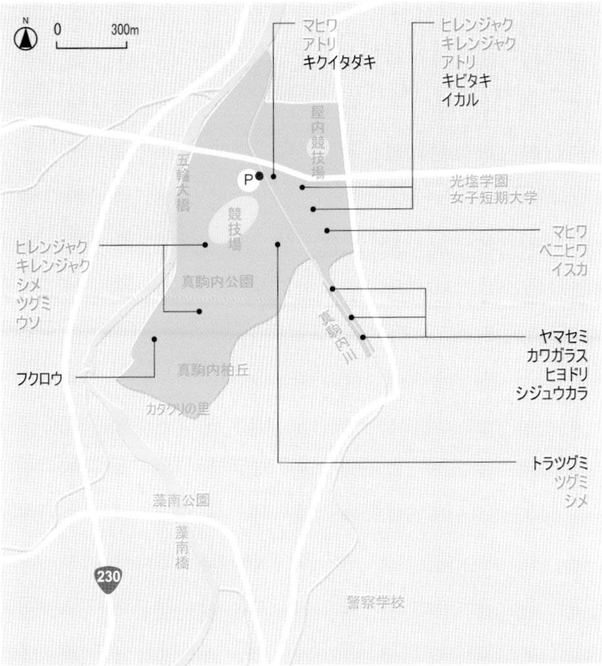

●トイレ（冬季使用可）　Ⓟ駐車場

ヤマセミの観察スポット・真駒内川

●装備など

●カテゴリー

レンジャク類／大型ツグミ類／アトリ類／キツツキ類／カラ類／ヒタキ類／ヤマセミ／カワガラス　など

●珍しい鳥の記録

ノハラツグミ、ヤドリギツグミ、ナキイスカ　など

●アクセス情報

◎札幌市営地下鉄南北線真駒内駅下車、徒歩約15分

◎じょうてつバス西11丁目駅前から「南町４丁目」または「真駒内」行きで「上町１丁目」下車、徒歩約10分。

◎車の場合、札幌市街中心部から国道230号・453号で約8.5㎞。駐車場は通常無料だが、４月29日から11月３日の期間は土日祝日のみ有料（乗用車320円）となる。

トラツグミ

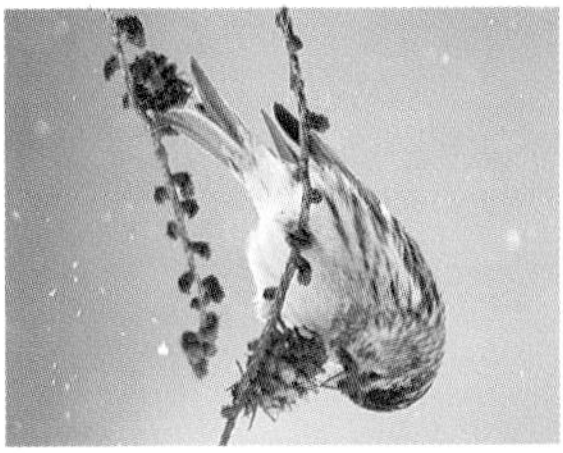

ベニヒワ

MEMO

◎真駒内公園から約800ｍ南にある「エドウィン・ダン記念公園」もほどよい緑地になっていて探鳥に適している。キツツキ類、カラ類、シマエナガそしてレンジャク類などの観察地として面白いので真駒内公園と併せて歩いてみるとよい。

◎真駒内公園の南西端には雪解けの時期に楽しめるカタクリ群生地「カタクリの里」がある。札幌近隣ではまたとない大群落で、開花期にはエゾエンゴサクやキバナノアマナなども咲きたくさんの春植物が見事だ。

時にはこんな珍鳥も。ノハラツグミ（真駒内公園）

石狩・空知・後志｜じょうざんけい

定山渓

所在地：札幌市南区定山渓温泉

ヤマセミ

渓流の鳥、森林の鳥、そして猛禽も見られる 温泉だけではない定山渓の楽しみ方

札幌の奥座敷として大変有名な温泉地。これまで温泉観光地としての知名度ばかりが先行していた感があるが、渓谷・渓流や紅葉の景観だけでなく、野草や昆虫そして野鳥など自然生物のウオッチングスポットとしての魅力も最近少しずつ知られるようになってきた。野鳥は、山地らしい森林性の鳥と渓流の鳥などが見られ、時にはワシタカ類やフクロウ類といった猛禽（もうきん）類の姿も目にする。

探鳥には、豊平川沿いに設けられた遊歩道や林道を歩くのが便利だ。温泉旅館街中心部西寄りの遊歩道「二見・定山の道」と、その西側「親水公園」を中心に楽しみ、さらに薄別林道へ歩を進めてもよい。

「二見・定山の道」などの林内では、5月の新緑の頃にオオルリやキビタキ、アオジ、クロツグミなどが美声を聞かせてくれる。コサメビタキやセンダイムシクイ、ツツドリもいるし、ハシブトガラ、ヤマガラなどカラ類も多い。

赤岩を背景に独特な景観が見られる「親水公園」では、それらに加えて渓流にキセキレイやカワガラスが見やすく、ヤマセミも一年を通して観察の可能性がある。夏なら時にはイソシギやカワセミも姿を現し、周囲の森からはアオバトの声が聞こえてくる。アカゲラはもちろん、クマゲラや近年少なくなってきたオオアカゲラもここでは健在だ。薄別林道を朝日岳に向けて登ればエゾライチョウやヤマシギ、ヨタカ、コマドリなどが見られる。

定山渓を流れる豊平川（8月下旬）

●お目当ての鳥：オオルリ、ヤマセミ、クマゲラなど　●時期：1 2 3 4 5 6 7 8 9 10 11 12

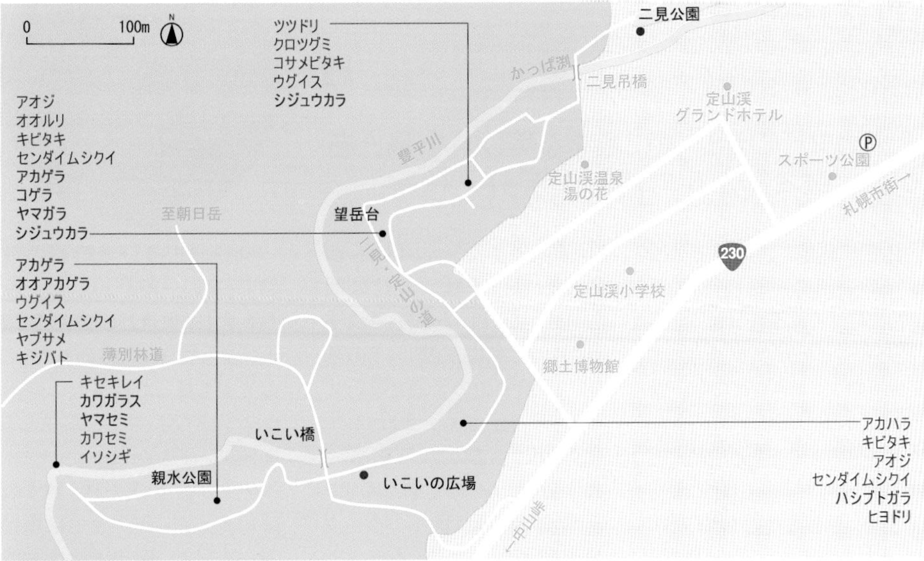

●トイレ　Ⓟ駐車場

渓流コースの遊歩道（8月下旬）

MEMO

◎温泉街の北側にある定山渓ダム周辺の森ではクマタカやアカショウビン、トラツグミなどが観察されている。また、温泉街の南側、夕日岳（594m）ではアオバズクやヨタカなどが観察される。夕日岳へは定山渓神社の裏手に登山口があり、見晴台を経由して山頂まで徒歩約60分。

◎温泉街の東側、玉川橋周辺から〝舞鶴の瀞〟にかけての一帯では、秋から初冬にかけてカワアイサなどのカモ類が多い。

◎広葉樹林内では雪解け直後のエゾエンゴサクやカタクリから夏のオオウバユリまで草花も楽しめる。

◎朝日岳、夕日岳をはじめ周囲の山間部はヒグマ生息地である。単独行動は避けるなど十分に注意したい。

●装備など

●カテゴリー

ヒタキ類／大型ツグミ類／ウグイス類／小型ツグミ類／キツツキ類／カラ類／アトリ類／セキレイ類／カワセミ類／ハト類／淡水ガモ類　など

●アクセス情報

◎JR札幌駅バスターミナルからじょうてつバス定山渓車庫前行きまたは豊平峡温泉行きで「定山渓車庫前」下車。地下鉄真駒内駅前からもバスあり。

◎車の場合、札幌中心部から国道230号経由で約27㎞。駐車場は遊歩道「二見・定山の道」の入り口（二見公園）にはなく、宿泊の各ホテル駐車場または市営の公共駐車場（無料・ホテルミリオーネ近く）を利用。いこい橋のたもとには2～3台分の駐車スペースがある。

望岳台にあるあずまや（8月下旬）

山の手通

所在地：札幌市西区西野、山の手

ナナカマドの赤い実に集まる美しい小鳥たち
全国に誇る街なかの観察スポット

札幌に限らず北海道では市街地の道路に街路樹としてナナカマドが多く植えられているが、冬にはその実が小鳥たちの生命をつなぐかけがえのない糧となっている。

ナナカマド街路樹が続く札幌の代表的な道路として、豊平区の水源池通と並ぶ野鳥スポットとなっているのが中央区北4条西25丁目から西区西野3条9丁目に至る山の手通だ。ナナカマドが植えられているのは西区と中央区の境目あたりから西の約3.5kmの区間。西端に上手稲神社や宮丘公園の森が控えているため、中でも西寄りほど鳥影が濃い。その西端の道路や山の手通と平行する南側の道路にもナナカマドが植えられているので、西野3～10丁目付近一帯で鳥を探すとよい。最盛期にはキレンジャクの大群が右往左往しながら道路を飛び回り、人や車の間を縫ってナナカマドに降りてくる。ギンザンマシコが大挙してやって来る年もある。

交通量の多い準幹線の道路で、短い一時期とはいえ、珍鳥を含むこれほどの野鳥が間近に見られるのは感動的だ。この光景を見るため最近は全国からバードウオッチャーが訪れるようになってきている。

ナナカマドの実が赤く熟すのは10月だが、年末までは鳥は寄ってこない。例年1月中旬ごろから鳥が集まり始め、実を食べ尽くす2月上旬～中旬ごろまでアトリ科を中心に数種以上の鳥が見られる。

冬の山の手通。山の手小学校付近（12月下旬）

●お目当ての鳥：キレンジャク、ヒレンジャク、ギンザンマシコなど

●時期：

1	2	3	4	5	6	7	8	9	10	11	12

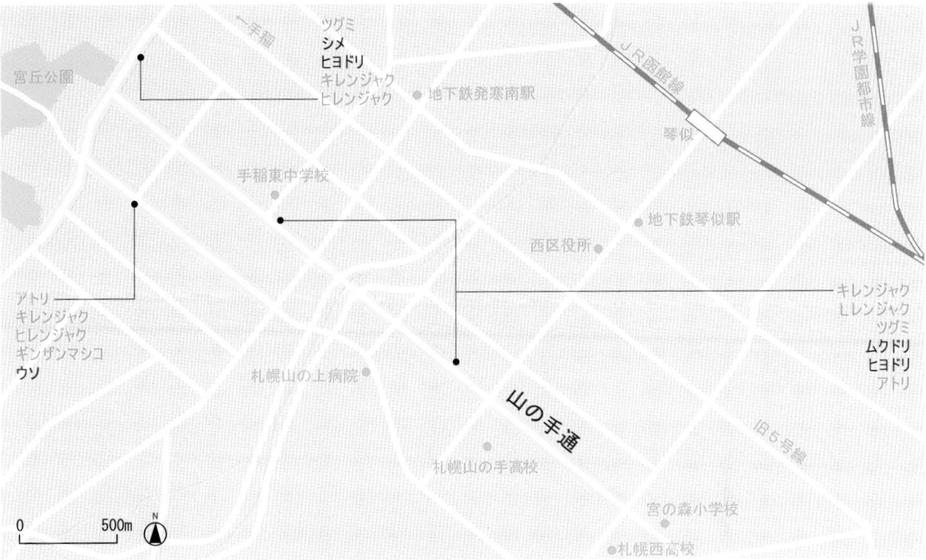

冬の山の手通。西区山の手２条付近（12月下旬）

ギンザンマシコ

上手稲神社付近もナナカマド街路樹が続く（12月下旬）

MEMO

◎市街地である点が探鳥地としては異例。人々の生活の場であり人も車も多いので、あまり大がかりな装備は違和感がある。肉眼でも楽しめ、双眼鏡があれば充分。

◎交通事故に気をつけるほか、鳥を見ているつもりでも視線の先にマンションや住宅がある場合も多いので不審な行動と誤解されないよう配慮が必要。

●装備など

●カテゴリー

アトリ類／レンジャク類／ツグミ類／ムクドリ類／ヒヨドリ／キツツキ類　など

●アクセス情報

◎最寄駅は地下鉄東西線宮の沢および発寒南。どちらの駅からも約１km南側へ進めば山の手通。歩道を歩いて探鳥できる。

◎バス便は、地下鉄東西線西28丁目駅前および琴似駅前から「宮の沢駅前行き」などJRバスの複数の路線が多数山の手通を通る。車窓から鳥の出現状況を確認し、西野３条２丁目、西警察署前、西野２条６丁目、西野２条７丁目、西野９条７丁目などのバス停を適宜選んで下車。その場で観察できる。

◎車があれば、あちこち移動する鳥たちを追うのには便利。ただし、一般車の交通量が多いので、くれぐれも事故に注意すること。車の場合は車から降りずに車窓から鳥を観察するのが基本。

キレンジャクとヒレンジャクの群飛。時に数百羽の群れで現れ、街路樹のナナカマドに降りてくる（１月中旬、山の手通り）

宮丘公園

所在地：札幌市西区西野

オオルリ

札幌郊外の新しい大規模観察地 意外な鳥も見られる可能性を秘めている

手稲山から続く丘陵地に整備された都市公園。昭和30年代には土取り場のハゲ山となっていたが、1968（昭和43）年の学校林植樹を皮切りに緑化が進められてできた約33haの森林公園である。札幌市街だけでなく石狩湾や暑寒別の山々が見える高台にあり、今では自然景観に優れた公園として札幌環状グリーンベルト構想の一部をなす風致公園に位置付けられている。1993（平成5）年の北一条宮の沢通開通や1999（平成11）年の地下鉄東西線宮の沢延伸により利用者が増え、探鳥地としても近年脚光を浴びるようになった。比較的新しいウオッチングフィールドである。

野鳥観察地としての歴史が浅いとはいえ、ここで記録された鳥はすでに110種以上もある。カラ類などの留鳥やヒタキ類など一般的な夏鳥はもちろんだが、マミジロやジョウビタキ、ムギマキ、シロハラ、ジュウイチといった北海道では比較的観察しにくい種が含まれている点は注目に値する。また人気種のクマゲラやチゴハヤブサそれに近年全国的に数を減らしているヨタカの繁殖も確認されている。渡りの時期にはハチクマなどの猛禽やコマドリ、マミチャジナイなども見られる。

基本的に森林性野鳥の観察地であり、最も楽しめるシーズンは5月の新緑の時期だ。キビタキやセンダイムシクイがとても多い。ヤブサメやツツドリの声もよく聞く。冬季もアトリ類などが見られる。

ヤマツツジ咲く展望広場付近（5月下旬）

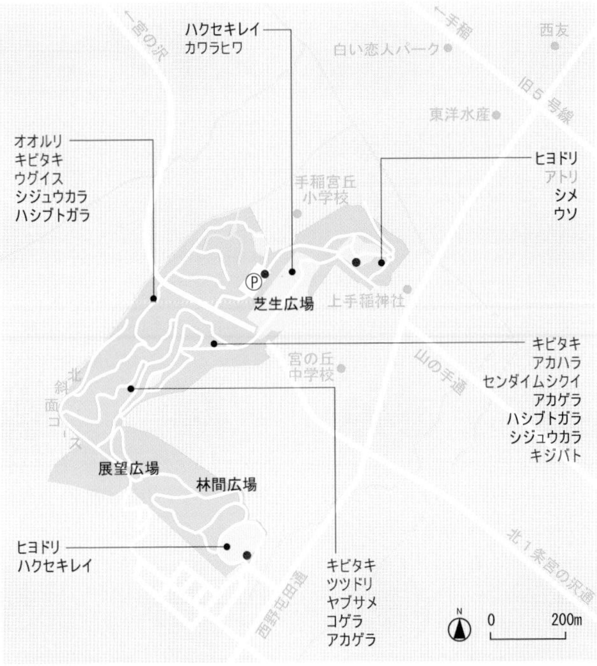

●トイレ　Ⓟ駐車場

北斜面コースの遊歩道（5月中旬）

見晴らしのよい芝生広場（5月下旬）

●装備など

●カテゴリー

小型ツグミ類／ヒタキ類／ウグイス類／大型ツグミ類／カラ類／キツツキ類／セキレイ類／カッコウ類／ワシタカ類／ハヤブサ類／カラス類／ムクドリ類　など

●珍しい鳥の記録

マミジロ、ムギマキ、ジュウイチ　など

●アクセス情報

◎札幌市営地下鉄東西線宮の沢駅から徒歩約15分。

◎宮の沢駅バスターミナルからJRバス「環51」で「宮の沢3条3丁目」下車、徒歩約10分。

◎車の場合、北一条宮の沢通で駐車場入り口へ。駐車場は7～19時のみ利用可（夜間閉鎖）。他の入り口付近にはわずかな駐車スペースがあるのみ。なお、冬季は駐車場は閉鎖される。

●探鳥会

日本野鳥の会札幌支部主催で行われることがある。

キビタキ

展望広場のあずまや（5月下旬）

MEMO

◎今後の継続的な観察により、意外な鳥の出現情報が期待される。

◎林内にはエゾリスも現れる。

◎住宅街近くとしては異例なほどヒグマが出没する地域であり、十分に注意したい。またマムシも生息しているのでやぶには入らないようにしよう。

◎林床にはナニワズ、エンレイソウ、マイヅルソウ、ユキザサ、ヒトリシズカなどが多く、山野草の見どころにもなっている。

石狩・空知・後志 | しんかわかこう

新川河口

所在地：小樽市銭函３、４、５丁目

ミヤコドリ

札幌周辺としては屈指のシギ・チドリ類観察地 至近距離からじっくり観察できるのが魅力

新川は明治時代に琴似発寒川の下流に治水対策のために作られた延長10㎞ほどの直線の人工河川だ。河口付近では天然の河川に近い環境を作り出して小樽市銭函で日本海に注いでいる。

おもに右岸の海岸がシギ・チドリ類などの野鳥観察地として親しまれてきたが、その入り口であった国道337号から河口へ向かう未舗装路が2017年に通行止めとなり、一般車は一切進入できなくなった。この海岸一帯で進められている風力発電工事のための措置と思われ、再び通行できるようになる見通しはない。車で入れないため国道337号の駐車帯に車を置いて２㎞近く歩いて入るしかなく、探鳥には大変不便になった。

そこで、現在では河口左岸の海岸線での探鳥をお勧めしたい。こちらは「おたるドリームビーチ」の東側から、やはり徒歩ではあるが海岸に直接入ることができる。いずれにしても車で入ってこそ至近距離からシギ類を観察・撮影できるのに、その手段が失われてしまったことが残念だ。それでも河口への出現頻度が高いミサゴをはじめ、キアシシギ、ミユビシギ、メダイチドリなどのシギ・チドリ類やショウドウツバメ、そして後背の草地でノビタキやホオアカなど夏の小鳥は十分楽しめる。

シギ・チドリ類を近くから観察するためには海岸でじっと座って気長に待つのが一番。幸運に恵まれればヘラシギなど希少な鳥との出会いも期待できる。

砂浜の海岸が続く（９月上旬）

●お目当ての鳥：ヘラシギ、コオバシギ、チュウシャクシギ　●時期：1 2 3 4 5 6 7 8 9 10 11 12

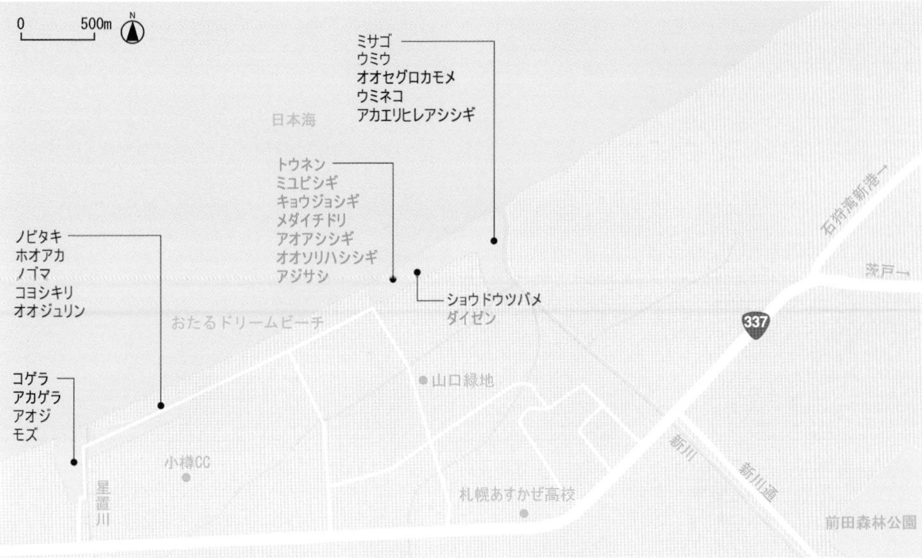

星置川の河口付近・銭函３丁目（９月上旬）

ミユビシギ

ショウドウツバメ

●装備など

●カテゴリー

シギ・チドリ類／カモメ類／カモ類／アジサシ類／ウ類／クイナ類／淡水ガモ類／ツバメ類／ワシタカ類　など

●アクセス情報

◎左岸へは、車で国道337号の手稲山口から「おたるドリームビーチ」方面へ北上し、ドリームビーチの駐車場を利用するか付近に路上駐車。そのすぐ東側が、新川河口までの約１㎞ほどの砂浜の海岸線が探鳥地。

◎右岸へは国道337号の駐車帯を利用し、海岸線まで約２㎞歩いて到着。そこから約５㎞の海岸線が探鳥地。健脚向き。

◎最寄り駅はJR函館線星置だが、徒歩で約２時間かかるので車の利用をお勧めする。

MEMO

◎河口から海岸線ではヘラシギ、カラシラサギ、ミヤコドリなどの希少な鳥の記録がある。また夏羽のオオハムも出現したことがある。

◎左岸の探鳥地に隣接する海水浴場「おたるドリームビーチ」は夏は大混雑するため、その営業期間（６月末から8月末）を避けて訪れたい。

◎右岸の海岸は砂丘の海浜植物群落や後背のカシワ・ミズナラ林といった貴重な植生が保たれ道の「保全を図るべき自然地域」に指定されている。

波打ち際で採食する２羽のキョウジョシギ（９月下旬、新川河口）

石狩・空知・後志｜しのろごのへのもりりょくち／しのろだんちかはんりょくち

篠路五ノ戸の森緑地／篠路団地河畔緑地

所在地：札幌市北区篠路３条10丁目

アオサギ

住宅街にあるアオサギの森は鳥たちのオアシス 隣接する河畔の鳥も一緒に楽しめる

篠路五ノ戸の森緑地は住宅街の中に残された200m四方ほどのささやかな緑地だが、今やアオサギのコロニー（集団繁殖地）で有名で、ほかにも多種多様な野鳥が見られる場所として人気がある。この緑地は自然林が残されたものではなく、およそ100年ほど前に青森県五戸からの入植者が開拓した場所と伝えられ、ヤチダモやハルニレの原生林を開墾して本州の草木をふんだんに植えた屋敷林だったという。公園化された今もケヤキやメタセコイアなど北海道に自生しない木やスモモ、ナシ、フジなどの園芸果樹が目立つ。それでも、すっかり市街地となったこの地域では鳥たちにとって貴重な樹林であるらしく、カラ類、キツツキ類、ムクドリ類などが繁殖する。またオオルリ、ルリビタキ、シロハラなどが渡り途中で立ち寄り、林縁ではモズがネズミを捕らえる場面が見られたりする。冬にはアトリ類やレンジャク類もこの森を利用する。

アオサギはコロニーを作るようになってからすでに10年以上になる。コロニーの規模は大きくはないが毎年の繁殖状況は安定しているようだ。４月ごろからヒナの姿も確認できるようになり、５月ごろには林内は一日中騒々しい鳴き声が響く。

一方、緑地の東側に隣接する篠路団地河畔緑地は旧琴似川から伏篭川にかけての河川敷であり、ノビタキ、オオヨシキリ、エゾセンニュウ、オオジュリンなど草原性の小鳥が繁殖する。６～７月が見ごろ。

アオサギのコロニーの中を行く遊歩道（６月上旬）

●お目当ての鳥：アオサギ、クロツグミ、オオヨシキリ、エゾセンニュウ　●時期：

1	2	3	4	5	6	7	8	9	10	11	12

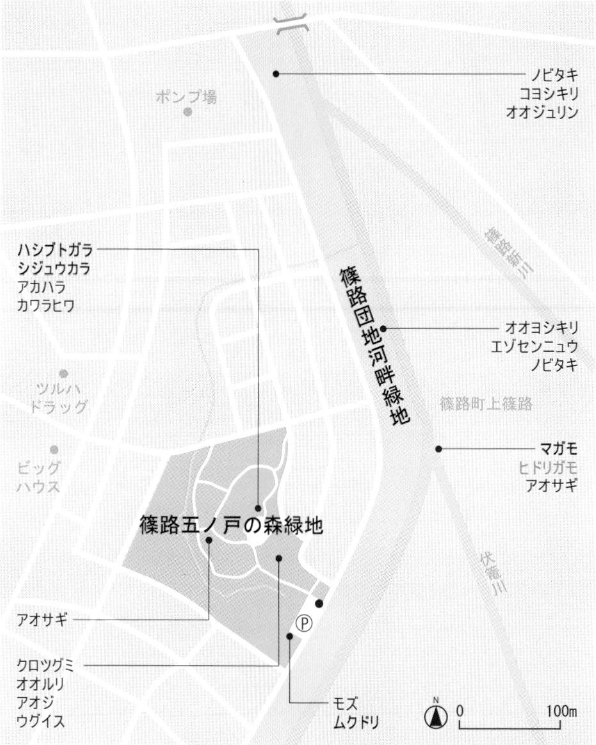

●トイレ　Ⓟ駐車場

●装備など

●カテゴリー

アオサギ／カラ類／キツツキ類／ヒタキ類／大型ツグミ類／小型ツグミ類／ウグイス類／モズ類／ハト類／レンジャク類／ハヤブサ類／淡水ガモ類／アイサ類／カイツブリ類　など

●アクセス情報

◎JR学園都市線篠路駅から約1.2km（徒歩約15分）。

◎車の場合、札幌市街中心部から石狩街道（国道231号）経由で約11km。篠路駅の東方。

篠路団地河畔緑地から伏篭川を見る（6月上旬）

園内中心部の広場（6月上旬）

林床にはニリンソウの群落があるが、アオサギコロニーの真下のためふんなどで汚れている（5月上旬）

モズ

MEMO

◎緑地の林床にはエゾエンゴサク、エンレイソウ、タチツボスミレなどの草花が咲く。特にニリンソウは大きな群落で見事。

◎篠路団地河畔緑地で繁殖する鳥では南側にオオヨシキリが多く北側にコヨシキリが多い。両種のすみ分けの様子が狭い範囲で見られ、興味深い。

◎旧琴似川や伏篭川では、その合流点を中心に晩秋などにマガモ、カワアイサ、カイツブリが見られる。

コムクドリの子育てシーン。熟した桜の果実を雌親が運んできた（7月上旬、篠路五ノ戸の森緑地）

石狩・空知・後志｜ひがしとんでんがわゆうすいち／そうせいがわ

東屯田川遊水池／創成川

所在地：札幌市北区屯田町

ヒドリガモ

ほどよく整備された水鳥の楽園
人気の鳥も意外な鳥も期待できる注目の観察地

創成川の放水路である東屯田川はJR篠路駅の西方約2kmの地点で発寒川に合流する。この合流地点に発寒川とつながる東屯田川遊水池がある。付近は発寒川や茨戸大橋のかかる茨戸川など水鳥の多い水郷地帯となっており、中でもカモ類の観察に適した場所として近年注目を浴びている。西遊水池（俗称「木道のある池」）と東遊水池（俗称「島のある池」）のふたつの池を総称して東屯田川遊水池と呼ぶが、西遊水池には「ボードウォーク」（木道）、東遊水池には「野鳥観察デッキ」が設けられており、野鳥観察に便利だ。

見られる鳥は、ヒドリガモやマガモ、コガモなどの淡水ガモ類とカイツブリが中心だが、オオバンも見られ、さらにシマアジやヨシガモといった少数派も現れることがあり気が抜けない。時期は晩秋から初冬の頃と春先がいい。カモたちはここと発寒川を行き来しており、池の水が凍結する厳寒期は創成川にも移動して過ごすようだ。一方、夏には遊水池でバンの営巣が確認されたり、クイナが観察されたりして話題に事欠かない。

冬、東屯田川遊水池の結氷期（12～4月ごろ）には創成川でのカモ類観察が楽しい。創成川は流れのため結氷せず淡水ガモ類に加えてアイサ類なども多い。水鳥たちはさらに北側の茨戸川にも多く見られ、周辺ではオオワシやオジロワシが飛ぶ姿も見られる。

ヒオウギアヤメ咲く西遊水池（6月上旬）

●お目当ての鳥：カワアイサ、ミコアイサ、シマアジ、クイナ、カワセミ　●時期：1 2 3 4 5 6 7 8 9 10 11 12

●トイレ　Ⓟ駐車場

東遊水池の野鳥観察デッキ（６月上旬）

冬の創成川（１月上旬）

西遊水池のボードウォーク（６月上旬）

ヨシガモ

シマアジ

●装備など

●カテゴリー

淡水ガモ類／海ガモ類／カイツブリ類／クイナ類／ホオジロ類／小型ツグミ類／カワセミ／ウグイス類／カラ類　など

●アクセス情報

◎JR学園都市線篠路駅から西方へ徒歩約40分。創成川までは篠路駅から徒歩約15分。

◎車の場合、札幌市街中心部から石狩街道（国道231号）経由で約12km。駐車場は西遊水池に隣接するパークゴルフ場用の施設だが、利用できる。ただし、積雪期は閉鎖されていて使えない。

●探鳥会

日本野鳥の会札幌支部主催で年３回程度行われる。

MEMO

◎遊水池の周囲は草原や農耕地など開けた環境であり、初夏のころにはヒバリやホオアカなど草原性の小鳥たちが繁殖している。

◎創成川ではオオセグロカモメも見られ、カワセミの越冬例もある。また周辺でクマタカの観察例もある。

◎発寒川を隔てた石狩市緑苑台側ではコウライキジもよく見かける。また、近くには防風林もあるため森林性や林縁性の鳥も時折姿を見せる。

◎西遊水池では６月上旬ごろ、ヒオウギアヤメが咲く。

いしかり調整池

所在地:石狩市北生振

水抜き後には干潟のような泥地も出現 札幌周辺では数少ないシギ・チドリ類の名所

満水時には3m以上の水深になる農業用貯水池で、2007年にかんがい用水の塩分濃度を調節するために作られた施設である。東西454m、南北334mの長方形で、池というよりまるで巨大なプールのようだ。

農業用水の供給は8月中旬までで終わり、8月下旬になると水が抜かれ始める。徐々に水深が浅くなっていくが、管理者(石狩土地改良区)の配慮によって、干潟のような泥地と水が残った部分が適度に保たれるように水位が調整される。そのため、サギ類、シギ・チドリ類、カモ類などの好適な生息地となる。鳥たちのための〝粋な計らい〟によって毎年人工的に作り出される探鳥地である。

水抜きの時期はちょうど渡りの時期に当たるため、札幌周辺では数少ないシギ・チドリ類の名所となっている。ここで記録されたシギ・チドリ類は30種以上に上り、9月の最盛期には1日で10種以上が見られることも少なくない。時にはマガンやヘラサギ、ハジロクロハラアジサシ、マナヅルといった珍客が出現し、驚かされることもある。

観察は池の周囲から見下ろすしかなく、池が大きいため警戒心の強い鳥は池の中央部に集まってしまい鳥までの距離が遠いことが難点だが、根気よく待っていれば思いのほか近くに寄ってきてくれることもある。

また、水鳥を狙うハヤブサやオオタカが飛来することがあり、見事なハンティングの場面が見られる。

水鳥たちが憩う秋のいしかり調整池(9月下旬)

●お目当ての鳥：コアオアシシギ、ツルシギ、オオハシシギ、オグロシギ、オジロトウネン、タシギ　●時期：1 2 3 4 5 6 7 8 9 10 11 12
第1章 道央

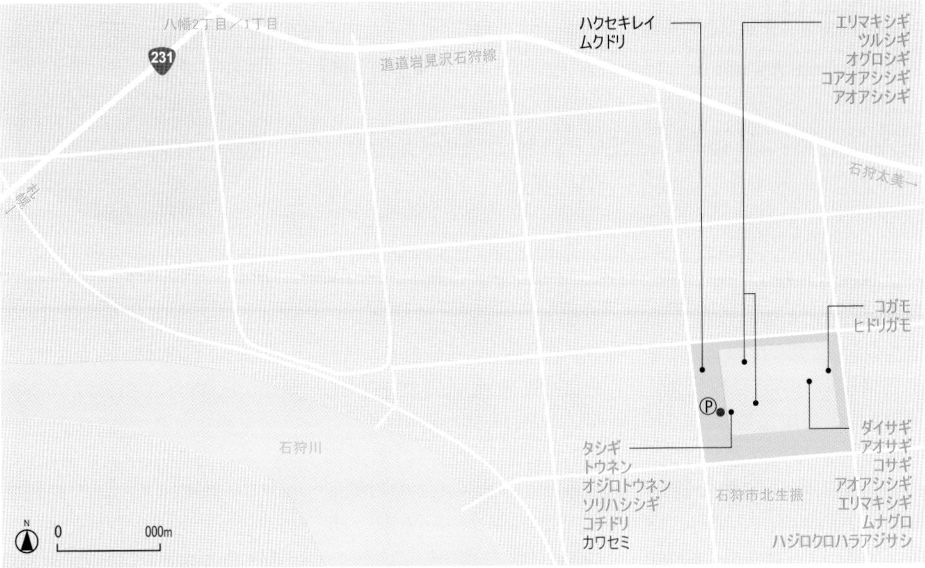

●トイレ　Ⓟ駐車場

西南端から見た「いしかり調整池」

オグロシギ

トンボを捕まえたコアオアシシギ

MEMO

◎撮影には600㎜以上の超望遠レンズが必要。一眼レフカメラよりもデジスコなど高倍率の機材があればなお良い。また、調整池そのものが周囲をすべてフェンスと高い壁で囲まれており、その上からカメラを構えるしかないため撮影条件は良くない。
◎午前中は東側から、午後から夕方は西側からが順光となって撮影に向いた光線状態となる。

●装備など

●カテゴリー
シギ・チドリ類／カモ類／サギ類／アジサシ類／ガン類／カワセミ／セキレイ類／ツル類／ハヤブサ類／タカ類　など

●珍しい鳥の記録
ハジロクロハラアジサシ、マナヅル、ヘラサギ　など

●アクセス情報
◎車で、札幌市街地中心部から約27㎞。国道231号などを利用。公共交通機関はない。

アオアシシギ

石狩・空知・後志 | いしかりがわかこう

石狩川河口

所在地:石狩市弁天町、浜町

札幌近郊にある草原性の小鳥たちの楽園 春秋はシギ・チドリ類も楽しめる

石狩川河口の左岸は弓なりに延びる砂丘海岸になっており、先端部には海浜性植物の群生地として知られる「はまなすの丘公園」がある。この公園とその手前の海岸草原はたくさんの草原性鳥類の繁殖地となっており、また海岸沿い・石狩川沿いの浜辺は春秋の渡りの時期にシギ・チドリ類が多く見られる場所だ。

草原の鳥たちが観察しやすいのは6～7月ごろの繁殖期。砂丘の中ほどの草丈の高い草原ではノビタキやホオアカ、オオジュリン、コヨシキリなどが繁殖し、雄は目立つ場所に出て来てさえずる姿が目立つ。モズも繁殖し、近年数を減らしているアカモズも見られる。「はまなすの丘公園」内の木道部分は草丈が低く、ヒバリの繁殖場所だ。ハクセキレイも多い。かつてはノゴマも繁殖していた。

公園先端部は木道ではなく地上の遊歩道となっており浜辺に出ることができるので、春秋のシギ・チドリ類の観察に適している。砂浜から草地が近いので草原を好むチュウシャクシギやホウロクシギが比較的観察しやすいが、最近は少なくなっているようだ。11月ごろにはハマシギの見事な大群が見られる。

冬は当たりはずれがあるがオオワシやオジロワシは比較的観察しやすい。また草原にベニヒワやユキホオジロが見られることがある。ただし、積雪期は除雪されないので車の通行はできなくなり、雪中徒歩となり危険も伴う。無理は禁物だ。

はまなすの丘公園の木道(7月中旬)

●お目当ての鳥：ノビタキ、ホオアカ、アカモズ、ホウロクシギなど　●時期：1 2 3 4 5 6 7 8 9 10 11 12

●トイレ　Ⓟ駐車場

はまなすの丘公園へ向かう道と海岸草原（７月中旬）

●装備など

●カテゴリー

小型ツグミ類／ホオジロ類／モズ類／ウグイス類／シギ・チドリ類／セキレイ類／アトリ類／サギ類／ウ類／カモメ類／タカ類　など

●アクセス情報

◎JR札幌駅バスターミナルから中央バス「石狩線」で乗車約60分、終点「石狩」下車、徒歩約20分。

◎車の場合、札幌市街中心部から国道231号で約22km。

●施設

はまなすの丘公園ビジターセンター（TEL 0133-62-4611・冬季は閉館）

アカモズ

コヨシキリ

MEMO

◎シギ・チドリ類をねらうオオタカが現れることがあり、運がよければハンティングの様子が見られる。

◎春の渡りの時期、５月上旬ごろにルリビタキが出現することがある。

◎はまなすの丘公園内は木道・遊歩道を歩いて探鳥することになるが、公園手前の草原は車中観察が便利。

◎海浜植物はハマナスをはじめハマニガナ、ハマボウフウ、ウンラン、ハマハタザオなど最盛期にはまさに百花繚乱（りょうらん）。植生保護のため木道から降りることや遊歩道からはみ出すことは厳禁。鳥も花も木道・遊歩道から観察すること。

石狩・空知・後志｜いしかりわんしんこうひがしはま
第1章 道央

石狩湾新港東浜

所在地:石狩市

荒れ地でたくましく生きる鳥たち 秋には世界的希少種ヘラシギも渡来

道央圏の貨物物流基地・石狩湾新港の東側に広がる砂浜海岸・草地・荒れ地である。石狩湾新港東端の「東埠頭（ふとう）」（昭和57年供用開始）の建設によって堤防が作られたことで扇形の弧を描く海岸線が出現し、後背地とともに東西500m・南北400mほどの新たな鳥類生息地ができた。「石狩湾新港の東側」などと呼ばれているが正式な地名がない。便宜上、探鳥地として「石狩湾新港東浜」と名付けたい。

ここは淡水性の種を含むシギ・チドリ類の観察に好適な場所で、トウネンやハマシギなど一般的な種はもちろん、オオソリハシシギやチュウシャクシギなど大型種も見られる。少数派のキリアイやアカエリヒレアシシギ、オジロトウネン、ヒバリシギなども毎年のように出現する。さらにアメリカウズラシギやツバメチドリ、ヨーロッパトウネンなど滅多に見られない種も記録されることがあり、何が出るかわからない面白さがある。注目されるのは世界的希少種ヘラシギで、トウネンの群れに混じって毎年9月中旬に少数が渡来する。

ただし、ここは海岸沿いの広い〝荒れ地〟であり、夏場などはアウトドアレジャーを楽しむ人たちが大挙して押し寄せる困った場所でもある。特に4輪バギー車が轟音を響かせて走り回るのには閉口する。静かに探鳥を楽しみたい我々には甚だ迷惑だが、半面、そんな場所でも鳥たちがたくましく生きていることに驚かされる。

海と砂浜を背景にトウネンが群れ飛ぶ（8月下旬）

●お目当ての鳥：オオソリハシシギ、ヘラシギ、アカエリヒレアシシギ、キリアイ　●時期：

1	2	3	4	5	6	7	8	9	10	11	12

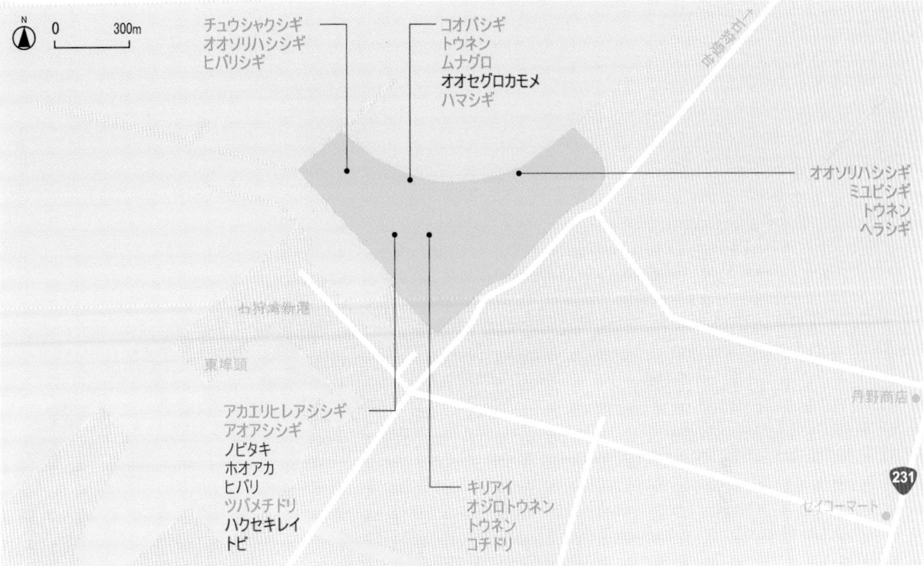

オオソリハシシギ

アカエリヒレアシシギ

シロチドリ

ヘラシギ

●装備など

●カテゴリー

シギ・チドリ類／カモメ類／カモ類／小型ツグミ類／ホオジロ類／ヒバリ／ハクセキレイ／モズ類／トビ、ミサゴなど猛禽類

●珍しい鳥の記録

アメリカウズラシギ、ヘラシギ、ツバメチドリ　など

●アクセス情報

◎車で、札幌市街地中心部から国道231号などを利用し、約22km。

◎公共交通機関は、札幌市営地下鉄南北線麻生駅バスターミナルから北海道中央バス石狩新港線で所要約60分で「石狩新港６線６号」下車・徒歩約50分。

MEMO

◎隣接する石狩湾新港・東埠頭では冬季にシノリガモやスズガモ、ホオジロガモなど海ガモ類、ハジロカイツブリなどカイツブリ類が観察しやすい。コケワタガモが越冬したシーズンもあった。

◎後背の草地は東へ続いており、石狩川河口エリアまで歩くことができる。６月７月にはノビタキ、ノゴマ、ホオアカ、ベニマシコ、オオジュリンなど北海道らしい草原性の小鳥が多数繁殖しており、ニュウナイスズメ、アリスイやアカモズなどを見ることもある。また海岸沿いではミサゴもよく見かける。

荒れ地の水たまりで採餌するキリアイ（9月中旬、石狩湾新港東浜）

石狩・空知・後志 | きたひろしまれくりえーしょんのもり

北広島レクリエーションの森

所在地：北広島市西の里

オオアカゲラ

森の歌い手たちが勢ぞろい 目線の高さでオオルリが見られることも

北広島市街地の北西、道立北広島高校の向かい側に位置する森林公園である。特別天然記念物の「野幌原始林」につながる森であり、園内の良質な自然林には平地の貴重な大森林の面影が感じられる。しかし、一部には植林地も含まれ、またアスレチックコースや水辺広場などが設けられるなどレクリエーション性を兼ね備えた公園として整備されており、市民の多面的なニーズに対応した森林公園といえるだろう。

探鳥には、もちろん自然林の部分を中心に歩くことになる。観察に最も適した季節は5月。新緑が出始める清々しいこの時期の早朝に遊歩道を歩けばキビタキ、オオルリ、クロツグミ、アカハラなど森の歌い手たちが勢ぞろいして出迎えてくれる。センダイムシクイやヤブサメの声もあちこちから聞こえてくる。深い森を好むアオバトも見られ、留鳥ではオオアカゲラやヤマゲラもよく見かける。起伏の多い森だが、その地形を利用して高い位置から木々を見れば高いこずえでさえずる鳥も視線の高さから見ることができるだろう。クロツグミやオオルリの姿もじっくり観察できるチャンスがある。

冬も意外に楽しめる季節で、かんじき（スノーシュー）か歩くスキーで入林すればウソ、マヒワ、シメ、キクイタダキなどがしばしば現れる。クマゲラやフクロウも冬は観察しやすく、時にはハイタカも姿を現す。カラ類の混群にキバシリやエナガを探すのも楽しい。

休憩広場（5月上旬）

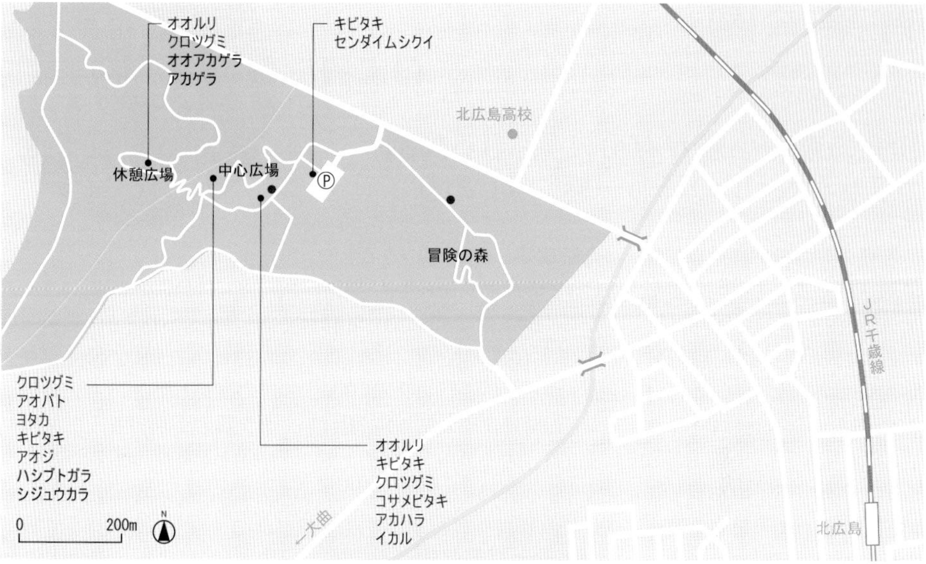

●トイレ　Ⓟ駐車場

遊歩道は起伏が多い（5月上旬）

あずまやのある入り口広場（5月上旬）

アオバト

●装備など

●カテゴリー

ヒタキ類／大型ツグミ類／小型ツグミ類／ホオジロ類／ウグイス類／カッコウ類／カラ類／キツツキ類／カラス類／レンジャク類／ハト類／アトリ類／ヨタカ　など

●アクセス情報

◎JR千歳線北広島駅から徒歩約15分。

◎北広島駅前から中央バス北広島団地線「共栄町系統」で「北広島高校」下車、徒歩約4分。または「総合体育館」下車、徒歩約5分。

◎車の場合は、道央自動車道北広島ICから約9km。

MEMO

◎遊歩道は起伏が激しく、場所によってはぬかるんでいる場合があるので長靴で歩くほうが無難。また遊歩道の階段は幅が狭いので注意。ゆったりと探鳥できるのは「休憩広場」などだ。

◎この森は、北広島市が国有林の一部を林野庁から借り受ける形で1980年から整備を行ってきている。

◎特別天然記念物「野幌原始林」として今も残されているのが北広島レクリエーションの森の西側（北広島市西の里）に隣接する森だ。現在の野幌森林公園には特別天然記念物指定地はないので混同しないようにしたい。

青葉公園

所在地：千歳市真町

初夏の森の小鳥が存分に見られる公園
カワセミなど川の鳥も一緒に楽しめる

各種のスポーツ施設などが併設された広い総合公園だが、広葉樹主体の自然林が比較的よく残されており、自然散策の場として広く親しまれている。初夏のころには林内で森林性の鳥を見るだけでも充分楽しめるが、隣接する千歳川周辺に足を延ばせば水辺の鳥も観察できる。水辺環境を含め、この一帯で見られる野鳥は150種にも及ぶという。

探鳥が最も楽しめるのは4月末から5月のころ。車をとめた駐車場にまでクロツグミやキビタキの歌声が降り注ぎ、期待がふくらむ。遊歩道に沿って林内に入ればアカハラ、アオジ、センダイムシクイ、コサメビタキなどの夏鳥が次から次へと現れる。キビタキも多い。アカゲラやヤマゲラ、ゴジュウカラ、エナガなどの留鳥も加わって初夏の森はじつににぎやかだ。さらに千歳川の河畔に降りればアオサギ、キセキレイ、カワセミが見られる。川の北側にある林東公園の池にもカワセミなどが来るので歩いてみるとよい。

冬には公園内に歩くスキーのコースが作られスキー以外では林内に入れなくなるが、スキーでの探鳥も面白い。この時期はカラ類の混群やキツツキ類が中心となるが、時にアトリの小鳥やレンジャク類などが見られる。クマゲラも冬のほうが観察のチャンスが多い。千歳川にはマガモ、コガモ、カワアイサなどが浮かびヤマセミが姿を見せてくれることもある。上空にはオジロワシが飛ぶ。

新緑の時期の遊歩道（5月上旬）

●お目当ての鳥：オオルリ、キビタキ、クロツグミ、ヤマセミ　●時期：1 2 3 4 5 6 7 8 9 10 11 12

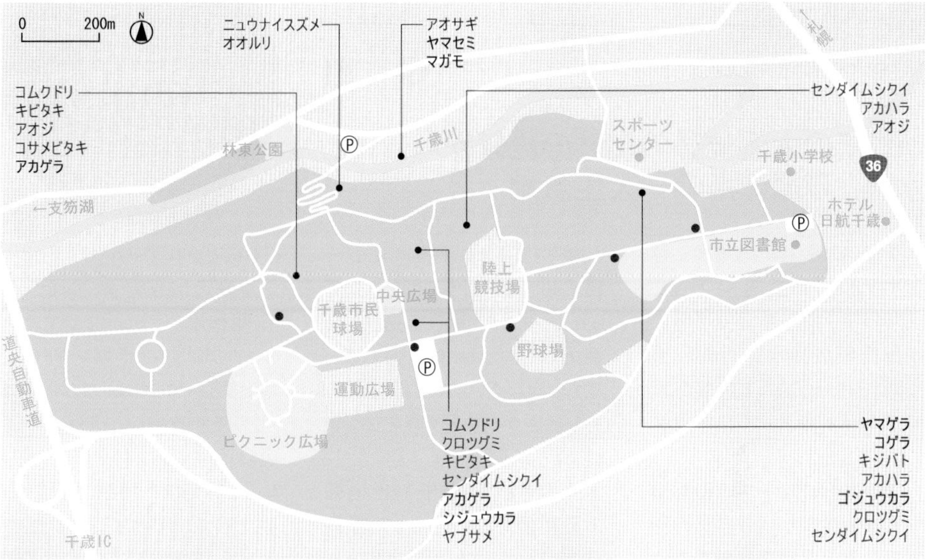

●トイレ　Ⓟ駐車場

公園の北側には千歳川が流れる（5月上旬）

●装備など

●カテゴリー

ヒタキ類／大型ツグミ類／ウグイス類／カラ類／キツツキ類／ホオジロ類／アトリ類／レンジャク類／ムクドリ類／カワセミ類／淡水ガモ類／アイサ類／サギ類　など

●アクセス情報

◎JR千歳線千歳駅から徒歩約20分。中央バス「千歳ターミナル」から徒歩5分。

◎車の場合は、道央自動車道千歳ICから約1kmで公園駐車場。

●探鳥会

千歳市自然環境係の主催で行われる。

クロツグミ

MEMO

◎北海道ではあまり見られないジョウビタキが越冬したことがある。

◎野球場の裏手に人工的に作られた野鳥用の水場とそのための観察小屋（ハイド）があり小鳥たちの水浴びの様子が見られた。しかし残念ながら最近は使用されていない様子。

◎4～5月の林内ではナニワズ、エゾエンゴサク、オオバナノエンレイソウ、ニリンソウなど林床の花もたくさん見られる。

長都沼

所在地：千歳市中央/長沼町東9線南

ヒシクイ
（亜種オオヒシクイ）

かつての大湿地帯の自然の再来か 水鳥と草原の鳥の一大生息地

千歳市と長沼町の境界に位置する通称「長都沼」は正式には「ネシコシ排水路」という名の農業用幅広排水路である。ガン類ハクチョウ類などが多数飛来する探鳥地として近年有名になってきた。

この付近にはかつて長都沼をはじめとする大小の自然の沼があり、その周囲の湿地帯を含め明治時代の開拓期まではカモ類、ガン類、ツル類などの有数の生息地であったという。しかし、千歳川の洪水被害対策のためのさまざまな土地改変の一環で昭和30年代には埋め立てられてしまった。現在の通称「長都沼」は長都沼とは位置も成り立ちも異なるが、人工の排水路でも造成から歳月を経てヨシやヒシなどが繁茂するようになり、本来の勇払原野・石狩低地帯の鳥相をほうふつとさせる野鳥たちが戻ってきたように感じられる。自然湖沼のようなそのたたずまいは水鳥たちが翼を休める場所にふさわしいものとして環境省の「日本の重要湿地500」にも指定されている。

春秋の水鳥観察ではヒシクイ（亜種オオヒシクイ）やマガンのほかシジュウカラガンやトモエガモなども見られる。コガモやヒドリガモは数多い。初夏には周辺の草原でノゴマやコヨシキリなどが繁殖する。さらに晩秋から冬にかけてはハイイロチュウヒやケアシノスリ、コミミズクなどの猛禽がよく見られるし、真冬もユキホオジロが出現することがある。季節ごとに見どころの多い沼だ。

中央部の駐車場から見た長都沼（10月上旬）

●お目当ての鳥:ヒシクイ、シジュウカラガン、トモエガモ、ハイイロチュウヒ ●時期: 1 2 3 4 5 6 7 8 9 10 11 12

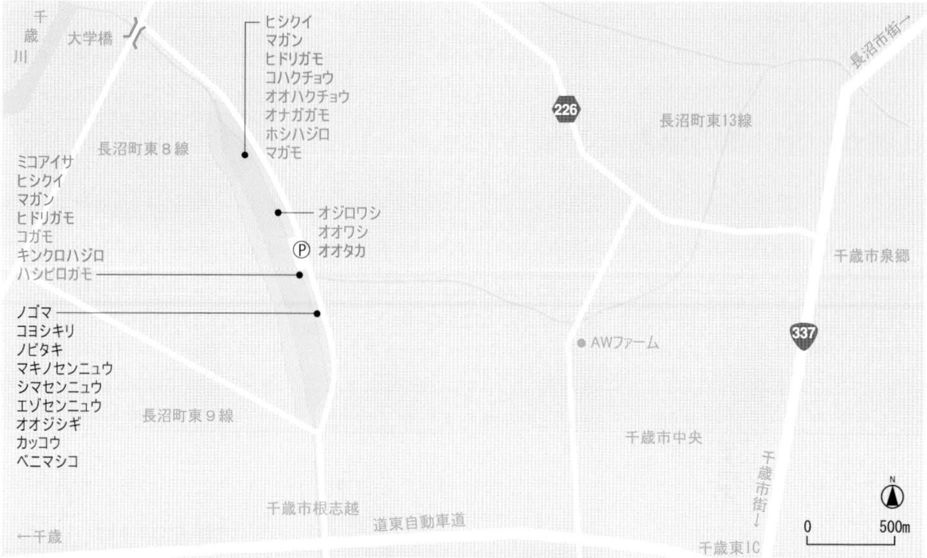

Ⓟ駐車場

オオハクチョウやガン類が翼を休める(10月上旬)

駐車場にある２階建てのあずまや(10月上旬)

コガモ

●装備など

●カテゴリー

淡水ガモ類／ガン類／ハクチョウ類／小型ツグミ類／ウグイス類／ホオジロ類／アトリ類／ワシタカ類／コミミズク／シギ類　など

●珍しい鳥の記録

ズグロカモメ　など

●アクセス情報

◎最寄駅はJR千歳線千歳だが10kmほどあり、徒歩では困難。バスなど公共交通機関はないので、タクシー利用のこと。また、新千歳空港などでレンタカーを借りてもよい。

◎車の場合は、道東道千歳東ICから約10分。千歳駅周辺からは国道337号で祝梅川を渡ったらすぐ左折して約４km。

MEMO

◎沼の大きさは幅約130m、長さ２kmほどで、道路沿いほぼ中央に駐車場と２階建てのあずま屋があり観察に便利。ただし鳥までの距離が遠いので望遠鏡は必携。

◎ガン類ハクチョウ類の季節には周囲の田畑で採餌する姿も見られるので車で周囲を見るのもよい。

◎水鳥の個体数は秋よりも春の方が断然多い。春季のピークにはマガン35,000羽・ヒシクイ(亜種オオヒシクイ)1,500羽ほどが見られる。ヒシクイは近年越冬例も目立つ。

小樽港

所在地：小樽市港町、色内

シノリガモ

札幌から近い冬の海鳥観察地
海ガモ類もウミスズメ類もふんだんに見られる

　港めぐりは冬のバードウオッチングの定番のひとつだ。小さな漁港から大きなフェリーターミナルまで、どんな鳥が来ているかわくわくしながら探す楽しみはバードウオッチャーの特権かもしれない。北海道ではどこの港へ出かけても楽しめるが、そんな中でも小樽港はたくさんの海鳥が見られる場所として古くから有名で、札幌からも近く、気軽に出かけられる探鳥地として親しまれている。

　小樽港は三方が山に囲まれた地形であり、そのため北西の季節風が遮られ港内は比較的波が穏やかなときが多い。そのため、特に外海が荒れたときに鳥が集まりやすい。探鳥にはそういうときが最も楽しめ、思わぬ珍鳥にも出会えるかもしれない。ただし、猛吹雪などあまり荒天のときは危険も伴うので無理をしてはいけない。

　冬ならいつでも見られるのがホオジロガモやシノリガモなどの海ガモ類やオオセグロカモメなどのカモメ類、そしてウミウなどである。ケイマフリやウミガラスなどのウミスズメ類も比較的観察しやすい。さらにはオオハムなどアビ類が出る可能性もある。春秋の渡りの時期にはアカエリヒレアシシギの群れやハジロカイツブリなども見られる。

　ただし、いくつもの埠頭（ふとう）のうち現在は立ち入ることができるのは２号埠頭全体と３号埠頭の一部、そして色内埠頭の一部のみだ。立ち入り禁止の場所には決して入らぬこと。

２号埠頭（右）と３号埠頭の間の海は探鳥ポイントのひとつ（12月下旬）

●お目当ての鳥：シノリガモ、ウミガラス、ケイマフリなど　●時期：1 2 3 4 5 6 7 8 9 10 11 12

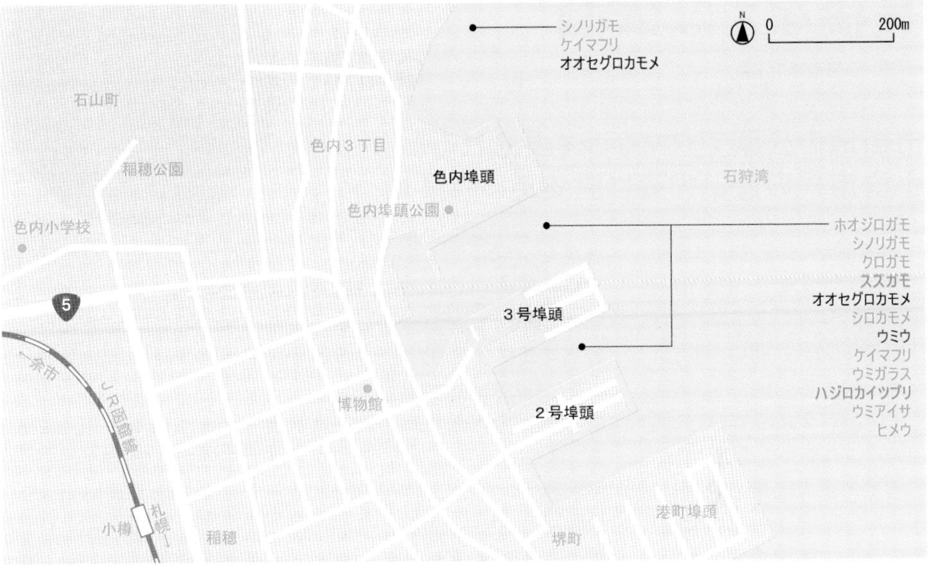

高島漁港（12月下旬）

ホオジロガモ

色内埠頭の南側のポイント（１月中旬）

●装備など

●カテゴリー

海ガモ類／ウミスズメ類／ウ類／カモメ類／アビ類／カイツブリ類／アイサ類／アトリ類／ハヤブサ　など

●アクセス情報

◎JR函館線小樽駅から徒歩約10分で３号埠頭。

◎車の場合、札樽自動車道小樽ICから約２kmで２号埠頭。港内は移動しながら探鳥するのが効率的で、そのためにも車をお勧めする。

●探鳥会

日本野鳥の会小樽支部主催で冬に行われる。また、北海道野鳥愛護会主催で12月に行われる。

●施設

小樽市総合博物館（TEL 0134-33-2523）

MEMO

◎かつてはどの埠頭も自由に入れたが、現在入れるのは本文にあるとおり一部の埠頭に限られている。近隣の祝津漁港や高島漁港なども丹念に見て回るとより多くの種類が見られる。

◎安全上も防寒の点からも車から降りず車窓から探鳥するのが望ましい。岸壁は転落防止策はいっさいないので、車でもくれぐれも転落事故のないよう充分注意すること。また港湾関係者などの作業の迷惑にならないような配慮も必要だ。

| 石狩・空知・後志 | ながはしなえぼこうえん

長橋なえぼ公園

所在地：小樽市幸１丁目

市街地の公園でクマゲラも見られる
小樽市民の憩いの森は歴史ある観察地

小樽駅から約2.5㎞の場所にある自然公園で、市内中心部から車でわずか５分ほどで行ける。明治時代に開設された営林署の樹木育苗地だった場所だが、1997（平成９）年に公園として生まれ変わり、今では自然観察や市民の散策の場として親しまれている。一般には春のサクラと秋の紅葉の名所として有名だ。苗畑だった経緯から植林地や外国樹種見本林も含まれているが、敷地内の大部分は良質な自然林であり多くの野鳥が見られる。

森林環境ではあるが、一部に開けた場所や湿地もあるため、野鳥は森林性のものから水辺にすむものまで100種近くが観察されている。探鳥のメインシーズンは５月で、キビタキ、クロツグミ、イカルなどの美声が森を包む。また、中央道路沿いの清流ではキセキレイが見られ、東側のささやぶのある林内ではコルリが比較的観察しやすい。旅鳥のマミチャジナイも現れ、アカゲラやカラ類などの留鳥はもちろんだが、さらにクマゲラの営巣例もある。鳥ではないがエゾリスもたびたび遊歩道に出て来て愛嬌（あいきょう）をふりまくし、ミズバショウやザゼンソウ、エゾエンゴサク、カタクリなどの草花も見もので、４～５月の天気のいい日には一日中いても退屈しないだろう。

初夏以外の季節では、冬もおすすめ。カラ類やキツツキ類といった常連のほか、ナナカマドの実を食べるレンジャク類やアトリ類なども見られる。

落葉広葉樹の森を行く遊歩道「中央道路」（５月中旬）

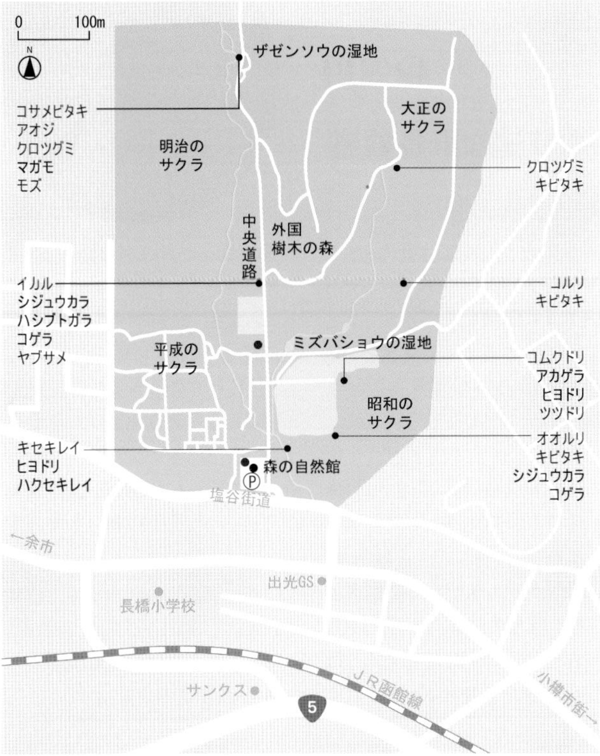

●トイレ　Ⓟ駐車場

木道のある「ザゼンソウの湿地」（5 月中旬）

森の自然館

●装備など

●カテゴリー

ヒタキ類／大型ツグミ類／カラ類／キツツキ類／ウグイス類／ホオジロ類／アトリ類／ムクドリ類／モズ／ヒヨドリ／マガモ　など

コルリ

●アクセス情報

◎JR小樽駅前から中央バス「塩谷線」「オタモイ線」「幸線」で「なえぼ通り」下車、徒歩 3 分。

◎車の場合、札樽道小樽ICから約20分。

●施設

森の自然館（TEL 0134-27-6061）

●探鳥会

日本野鳥の会小樽支部の主催で毎月第 1 日曜日に行われる。

クロツグミ

MEMO

◎多種のサクラが植えられていて、一般にはサクラの名所として有名。そのためサクラの時期には花見客で混雑するので探鳥には早朝がいい。火気厳禁だが、サクラの時期だけはジンギスカンも黙認されているという。

◎外国樹種のほかアカマツ、ヒノキ、スギ、クヌギなど北海道に自生しない樹木も植えられており、北海道らしい針広混交林を見慣れた目には珍しい樹木の観察もできる。

石狩・空知・後志｜かむいみさき

神威岬

所在地：積丹郡積丹町

P

紺ぺきの海を背景に楽しむ快適な野鳥観察 見られる鳥も特徴的

ホオアカ

積丹半島の北西端に位置する景勝地。切り立った特徴的な岩礁「神威岩」を望む独特の景観で知られ、初夏のエゾカンゾウの群落も有名で、積丹半島を代表する観光地となっている。探鳥には岬の先端へ向かう遊歩道（約770m）をそのままバードウオッチングコースとして利用する。草原性の小鳥や猛禽（もうきん）、海鳥などが美しい景観を背景として楽しめる特徴ある探鳥地だ。

野鳥観察が最も楽しめるのは6～7月。駐車場から遊歩道へ向かう入り口付近のささやぶにはウグイスが多く、やぶから出てきて電線にまで止まってさえずるので姿がよく見える。尾根づたいの遊歩道を進むと草地にホオジロやノビタキ、ベニマシコなどが海を背景にさえずる姿が見える。特に目立つのはホオアカの姿だ。また、アマツバメがたくさん飛び交い、観光客の頭をかすめるようにして猛スピードで行き過ぎる。イワツバメも飛んでいる。岬先端部近くでは〝シャコタンブルー〟と呼ばれる澄み切った青い海を見下ろすことができ、オオセグロカモメやウミネコもこの紺ぺきの海を背景に見るとひときわ美しい。ハヤブサやミサゴの姿を見ることもまれではなく、またクマタカの目撃情報もある。冬季にはオオワシやオジロワシも見られるなど、猛禽の姿が比較的観察しやすい場所でもある。

時間的余裕があれば、積丹岬近くを探鳥するのも一興で、特にミサゴの巣を望む風景は一見の価値がある。

エゾカンゾウ咲く神威岬（7月上旬）

●お目当ての鳥：アマツバメ、ホオアカ、オオセグロカモメ、ウミネコ　●時期：1 2 3 4 5 6 7 8 9 10 11 12

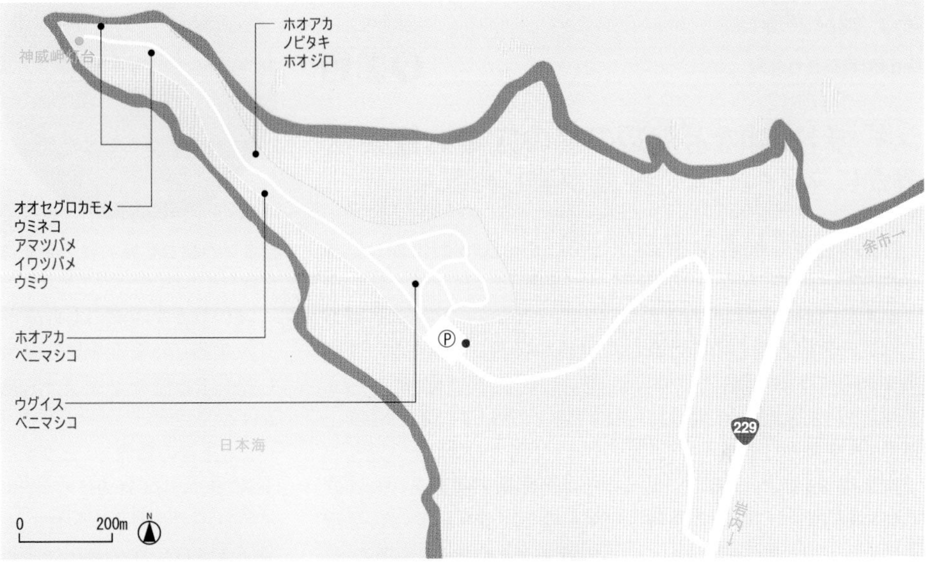

●トイレ　Ⓟ駐車場

カモメ類やウミウが営巣する奇岩がいくつかある（7月下旬）

アマツバメやイワツバメが飛び交う中、神威岩を岬先端から見る（7月下旬）

オオセグロカモメ

ウミウ

●装備など

●カテゴリー

ウグイス類／ホオジロ類／小型ツグミ類／アマツバメ／カモメ類／ウ類／ツバメ類／イソヒヨドリ／ワシタカ類など

●アクセス情報

◎JR函館線余市駅下車、中央バス「積丹神威岬」行きで終点下車（所要1時間50分）。列車、バスとも本数が少なく、車の利用が便利。

◎車の場合、後志自動車道で余市ICへ。余市から国道229号経由で約50km。

MEMO

◎神威岬は景観の素晴らしさから北海道遺産に指定されている。動植物の貴重な生息地としての評価も高いが、その中では野鳥についてはあまり多くのことは知られていない。可能性を秘めた探鳥地として、今後さらに魅力的な鳥相が明らかになる可能性がある。

◎遊歩道「チャレンカの小道」にはゲートがあり8時から19時の間（季節によって時間変動あり）のみ開放され、それ以外の時間帯は立ち入ることができない。また強風の時も閉鎖される。

◎初夏の野鳥繁殖期はエゾカンゾウの開花期と重なり、観光客の最も多い時期である。一般観光客に混じっての探鳥となり、少々落ち着かない点はあらかじめ覚悟しておくこと。

◎冬は岬の先のメノコ岩に多数のトドが集まるほか、駐車場付近に出没するキタキツネなど哺乳（ほにゅう）類の観察がおもしろい。トドの観察には望遠鏡が必要。

寿都湾

所在地：寿都郡寿都町

ヘラシギ

シギ・チドリ類など海辺の鳥の穴場的観察地 静かにマイペースで探鳥が楽しめる

寿都市街地の東側に位置する半円形の内湾。延長約10kmにも及ぶ弓形の砂浜海岸をメインに、その後背地の草原と低木林、さらには日本海に注ぐ朱太川（しゅぶとがわ）といったさまざまな環境に恵まれた探鳥地である。

朱太川沿いに海へ出たら、まず海岸線と平行に伸びる漁業用のコンクリート道路をゆっくりと走りながら浜辺を注視する。7月下旬から10月にかけて、必ず何種類かのシギ・チドリ類が見られるだろう。道路から波打ち際までは5～20mほどしかなく、キアシシギ、ミユビシギ、ソリハシシギ、チュウシャクシギなどが双眼鏡や望遠レンズでアップで見られる。最初は警戒して飛んでしまっても、車のスピードを上げない、車から降りない、といった車上観察の鉄則を守れば次第に警戒心を解いてくれ、至近距離からじっくりと見られるようになるだろう。

ここでは絶滅危惧（きぐ）種ヘラシギが毎年のように出現しトウネンと行動を共にしているので、トウネンの群れを見つけたら丹念に探してみたい。

波の静かな内湾のため、ミサゴの魚獲りの場面を見る機会も多く、また時折ハヤブサも見かける。

また後背の草原でノビタキやモズ、朱太川ではカワセミやカイツブリなどが見られるほか、4月下旬から5月上旬には北へ渡去する前のツグミが万単位の数で集結する。大地を覆い尽くすようなその大群は見ものだ。

草地ごしに砂浜が見える（9月中旬）

●お目当ての鳥：チュウシャクシギ、ヘラシギ、ムナグロ、ミサゴ　●時期：1 2 3 4 5 6 7 8 9 10 11 12

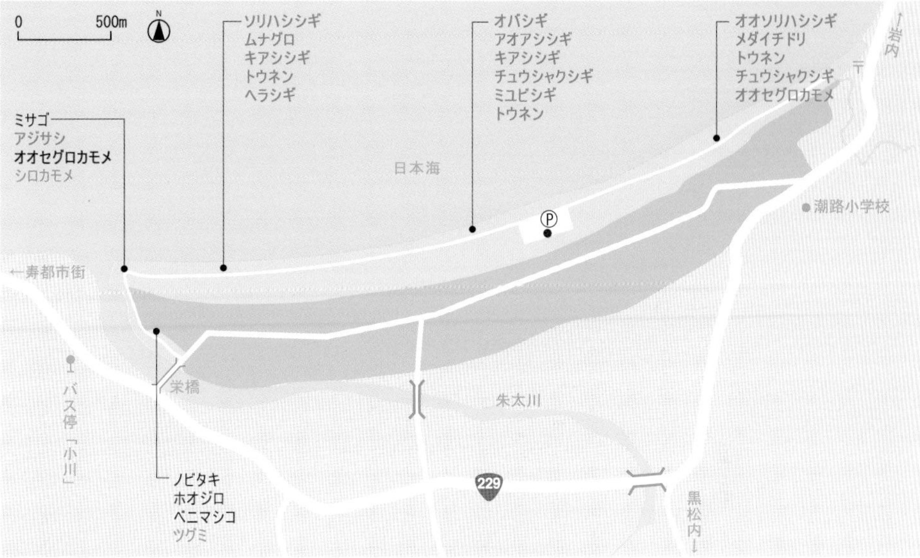

●トイレ　Ⓟ駐車場

朱太川の右岸沿いを海辺へ向かうアプローチ道路（9月中旬）

栄橋から見る朱太川（8月下旬）

ソリハシシギ

●装備など

●カテゴリー

シギ・チドリ類／カモメ類／タカ類／ハヤブサ類／ウ類／小型ツグミ類／ホオジロ類／カワセミ類／カイツブリ類／大型ツグミ類　など

●アクセス情報

◎札幌から小樽、岩内経由で国道229号を利用し、約140km。

◎最寄駅はJR函館線黒松内だが、駅から現地まで約13kmあり、車を使用するのが現実的。マイカーまたはレンタカーの利用をお勧めする。

◎岩内ターミナルからニセコバス寿都行き（1日6便、所要1時間8分）で「小川」バス停下車、徒歩5分で栄橋。

MEMO

◎かつては訪れる人もまばらな静かな探鳥地だったが、コンクリート道路の中央付近にトイレ付きの立派な駐車場が設置されてからキャンプなどをする人も現れるようになった。それにつれ鳥の出現が減ってきた気がする。

◎「風の町」を標榜（ひょうぼう）する寿都町らしく風力発電装置があちこちに建設されている。かつての風光明媚（めいび）な景観が壊され、またバードストライクも懸念される。

大きな魚を捕えて飛ぶミサゴ。「食事場」へ運んで食べる（９月上旬、寿都湾）

旭ヶ丘総合公園

所在地：虻田郡倶知安町旭

ツツドリ

鳥が近距離から観察できる 5月の森の素晴らしさが味わえる丘

倶知安町の市街地のはずれにある総合公園。入り口付近にはスキーのジャンプ台やキャンプ場が目立ち、野鳥観察にはあまり向いていない印象を受ける。しかし、それらを尻目に一歩森の中に入ればたくさんの夏鳥たちの歌声に出迎えられ、高密度で野鳥が生息していることがわかる。実際、100種以上が記録されている有数の探鳥地だ。

5月の森で特に多いのがキビタキ。普段はやぶの中からなかなか姿を現さないコルリも、ここでは人目につく場所でさえずったり遊歩道に出てくることがあり観察しやすい。そしてオオルリ、コサメビタキ、ツツドリなどの夏鳥が次々に出現する。アカゲラやコゲラ、ゴジュウカラなどの留鳥も加わり、クマゲラの採餌痕も目につく。5月は本当に魅力的で、まさに時間が過ぎるのも忘れて鳥たちとの出会いが楽しめる。散策などの人があまり多くないのもうれしい。

遊歩道は起伏を繰り返しながら徐々に丘を登っていく。カタクリやエゾエンゴサクの咲く遊歩道も楽しく、さらに上のほうにはエゾヤマザクラが多い。花と鳥の組み合わせが楽しめる森だ。また、入り口に近い小台地の「ピクニック広場」も意外におすすめで、アカハラやコムクドリが地中に潜む虫を探し回り、オオルリがさえずる。5月に入ってもツグミが見られることもある。ホオジロやベニマシコなど林縁性のものも含め、ベンチに座っているだけでたくさんの鳥が見られる。

カタクリの咲く遊歩道は歩くだけでも爽快だ（5月中旬）

●お目当ての鳥：コルリ、キビタキ、オオルリ、クマゲラ　　●時期：1 2 3 4 5 6 7 8 9 10 11 12

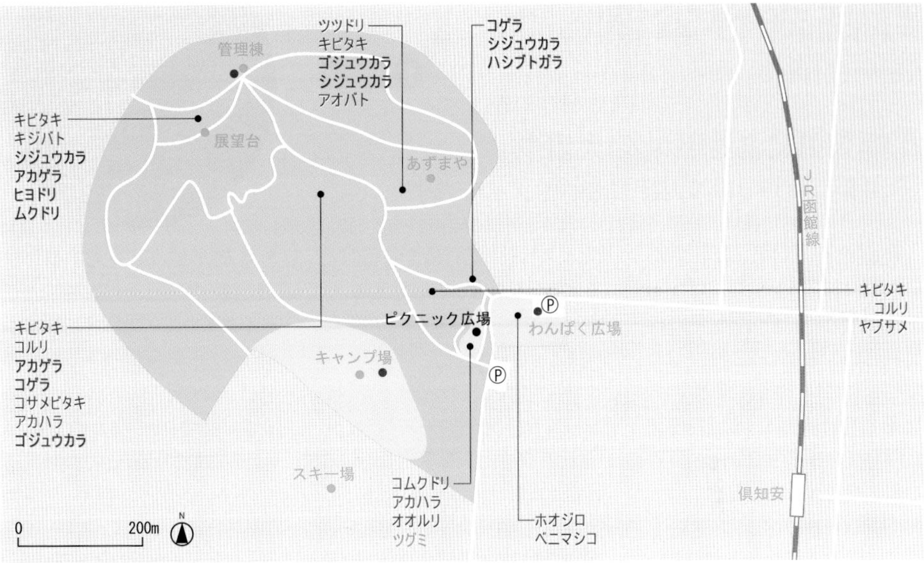

●トイレ　Ⓟ駐車場

ピクニック広場（5月中旬）

山側に新しく整備された遊歩道（5月中旬）

コムクドリ

●装備など

●カテゴリー

ヒタキ類／大型ツグミ類／小型ツグミ類／ウグイス類／カッコウ類／アトリ類／カラ類／キツツキ類／ヒヨドリ／カラス類／ムクドリ類／ホオジロ類／スズメ類／タカ類／ハヤブサ類　など

●アクセス情報

◎JR函館線倶知安駅から徒歩約10分。

◎車の場合、札幌方面から国道230号で喜茂別へ。喜茂別から同276号で京極経由、倶知安町へ。

●施設

倶知安風土館
（TEL 0136-22-6631）

MEMO

◎林床にはニリンソウやキクザキイチゲなどの春植物が多い。特に丘の上部にあるエゾエンゴサクの大群落や中腹部にあるカタクリの群落は見もの。

◎足元は基本的にスニーカーで大丈夫だが、場所によっては遊歩道がぬかるんでいる時がある。念のため長靴を持参すると安心だ。

◎森の階段入り口のトイレは閉鎖されていて使えない。入り口向かいの公園（わんぱく広場）またはキャンプ場のトイレを使用。また、丘を登った上の「管理棟」のトイレも使用できる。

野幌森林公園

所在地：札幌市厚別区／江別市／北広島市

札幌郊外にある平地の大森林
圧倒的スケールの野鳥観察フィールド

札幌市と江別市、北広島市にまたがる面積2,000ha以上もの大森林公園。針広混交の自然林と針葉樹の人工林が入り交じり、林縁や池沼、草原状の場所も含め多様な環境を備えた探鳥地として古くから全国的な知名度を誇っている。

野鳥はこれまでに140種以上が記録され、探鳥会や自然観察会の開催も多い札幌のバードウオッチングのメインフィールドのひとつである。ただし、遊歩道の総延長が30kmにも及ぶ広大なスケールのため全体像はとらえどころがないとも言える。したがってポイントを絞って探鳥することが肝要だ。

例えば大沢口から入って「桂コース」か「大沢コース」で大沢園地を経由し「四季美コース」「エゾユズリハコース」を通って大沢口に戻るルートはどうだろう。瑞穂口から入って瑞穂池園地まで往復するのもいい。あるいは登満別から入って「カラマツコース」をたどり原の池まで往復するのもおすすめだ。いずれも夏鳥が盛んにさえずる5月前半がベストシーズンで、キビタキやイカル、アカハラそしてシジュウカラの仲間やキツツキ類などがよく見られる。いくつかある池にはオシドリやカイツブリそしてカワセミの姿も珍しくない。

冬もレンジャク類やアトリ類に出会うのが楽しく、スキーやスノーシューをはいて歩きたい。12月上旬までの、積雪が本格的になる前なら長靴でも大丈夫だ。フクロウなども冬のほうが観察の機会が多い。

カワセミやオシドリなどが見られる原の池（5月下旬）

●お目当ての鳥：クロツグミ、ヤブサメ、オシドリ、フクロウなど　●時期：1 2 3 4 5 6 7 8 9 10 11 12

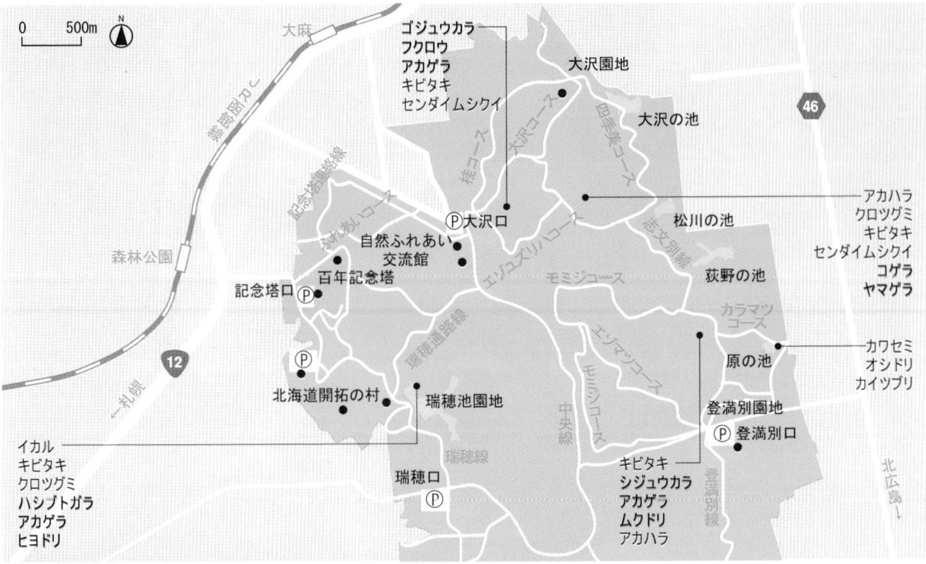

●トイレ　Ⓟ駐車場

冬の林内（大沢口付近、1月中旬）

初夏の遊歩道（瑞穂口付近、5月下旬）

シジュウカラ

MEMO

◎国の特別天然記念物「野幌原始林」と混同しやすいが、明治時代以降の様々な経緯の結果、現在の野幌森林公園には特別天然記念物エリアは含まれていない。（「野幌原始林」は北広島市西の里にわずかに残されているのみ）

◎キタキツネやエゾリスなどの哺乳（ほにゅう）類から昆虫、草花、キノコ類など自然の見ものが随所にある。例えば公園内の植物は600種以上といわれる。野鳥以外の生きものに目を向けるのも楽しい。

●装備など

●カテゴリー

ヒタキ類／大型ツグミ類／小型ツグミ類／ウグイス類／カラ類／ムクドリ類／ホオジロ類／タカ類／キツツキ類／アトリ類／フクロウ類／カワセミ類／カイツブリ類　など

●アクセス情報

◎JR函館線森林公園駅下車、JR北海道バス「開拓の村」行きで「野幌森林公園」下車。または、札幌市営地下鉄東西線新さっぽろ駅下車、夕鉄バス「文教台南町」行きで「大沢公園口」で下車、徒歩約5分。

◎車の場合、札幌市街中心部から国道12号経由、江別市文京台で右折、最奥が大沢口。

●探鳥会

北海道野鳥愛護会の主催で2月、4月、5月、10月に行われる。また、日本野鳥の会苫小牧支部などの主催で行われることもある。

●施設

自然ふれあい交流館（TEL 011-386-5832）

巣立ってから間もないフクロウの雛（5月下旬、野幌森林公園）

利根別自然休養林

所在地：岩見沢市緑が丘

大規模な森林の観察地 特に新緑の季節が楽しめる

岩見沢市街地の南東に位置する総面積400ha近くの大森林である。「利根別原生林」とも呼ばれるが、この名は「萩の山スキー場」などを含む一帯を指し、必ずしも原生林ではない。それでも多種多様な広葉樹が繁る良質な自然林を中心に100種以上の野鳥が見られ、特に新緑の季節などには楽しみの多い探鳥地だ。

入り口近くの大正池（かんがい用のため池）を中心とするエリア「利根別自然公園」の遊歩道を気ままに歩くだけでもたくさんの鳥が見られる。5月上旬ごろであれば、オオルリやクロツグミ、アオジなど森の歌い手たちにいとも簡単に出会えるだろう。「キビタキの森」と呼ばれるほどキビタキも多く、しかも至近距離から見られるチャンスも少なくない。

キツツキの種類も多く、アカゲラやコゲラはもちろんオオアカゲラやヤマゲラのドラミングの場面も見られ、時にクマゲラも出現する。

大正池の水面にはカイツブリが浮かび、池畔をアオサギやトビが飛ぶ。

大正池周辺だけでは足りないという人は森の奥へ足を延ばし東山池まで行くのもよい。森で見られる種類はあまり変わらないが、東山池では例年オシドリやカルガモなどが繁殖している。

晩秋から冬にかけては、カラ類やキツツキ類のほかキバシリやエナガ、そして樹洞にいるフクロウが観察しやすい。アトリやキレンジャクもやってくる。冬は歩くスキーでの探鳥がおすすめだ。

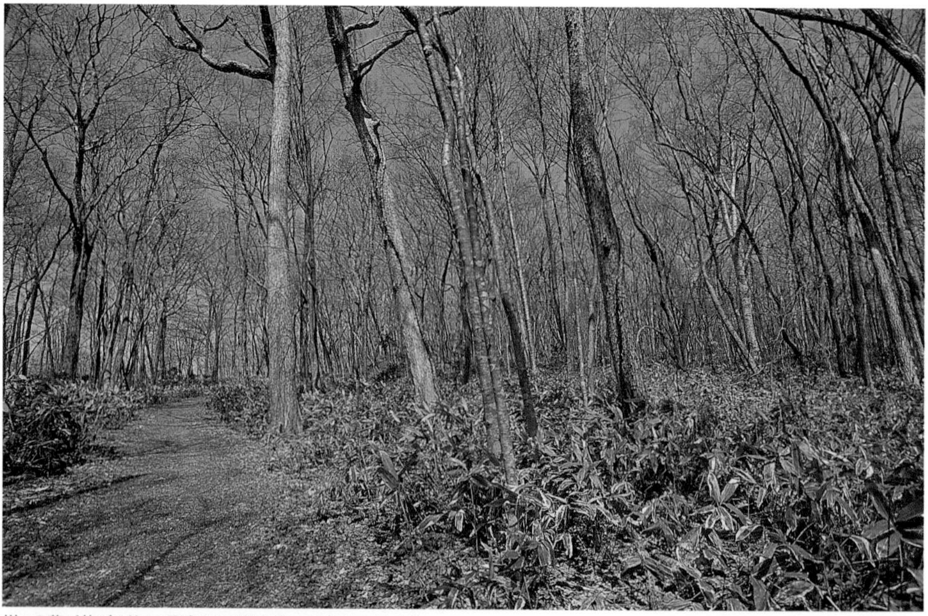

樹々の葉が伸びる前から夏鳥たちが続々渡ってくる（5月上旬）

●お目当ての鳥：キビタキ、オオルリ、オオアカゲラ、ヤマゲラ　●時期：1 2 3 4 5 6 7 8 9 10 11 12

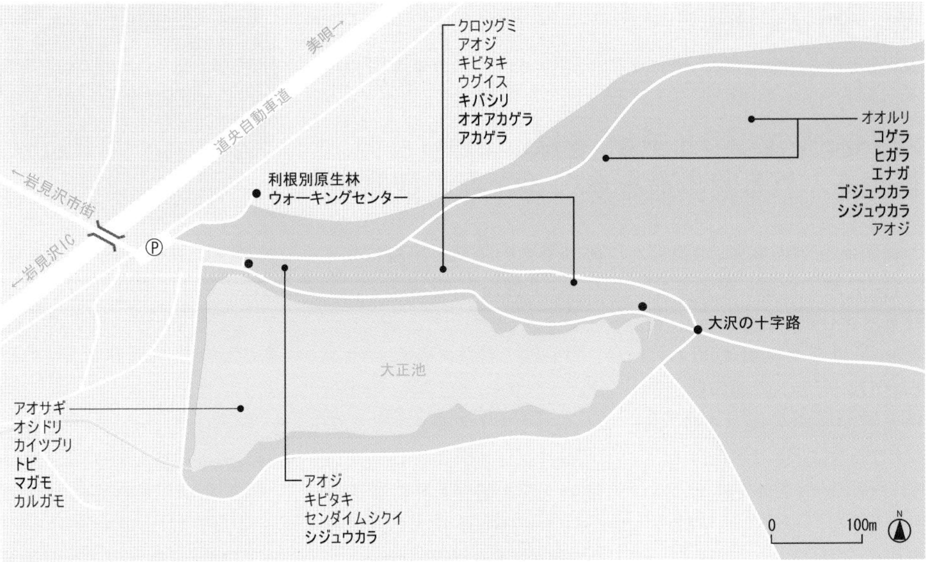

●トイレ　Ⓟ駐車場

大正池（7月下旬）

遊歩道脇には野鳥解説板がある

カイツブリ

●装備など

●カテゴリー

ヒタキ類／大型ツグミ類／小型ツグミ類／ウグイス類／カッコウ類／アトリ類／カラ類／キツツキ類　など

●アクセス情報

◎JR函館線岩見沢駅から中央バス「緑ヶ丘・鉄北循環線」または「万字線」で「大正池入口」下車、徒歩10分。

◎車の場合、道央自動車道岩見沢ICから約2㎞。

●探鳥会

日本野鳥の会旭川支部や滝川支部の主催で行われることがある。

●施設

利根別原生林ウォーキングセンター（TEL 0126-32-2488）

MEMO

◎遊歩道には「野鳥観察・眺望コース」5㎞、「樹木観察コース」3.3㎞、「水と歴史をめぐるコース」9㎞の3つのコースが設けられているが、コースにとらわれずマイペースで自由に歩けばよい。見られる鳥の種類もあまり変わらないだろう。

◎公園入り口には、「利根別原生林ウォーキングセンター」があり、動植物や観察会の情報提供のほか、学習会や休憩の場として利用されている。

◎春のフクジュソウ、エンレイソウ、エゾエンゴサク、夏のトモエソウ、オトギリソウなど林床の花にも見ものが多い。

東明公園

所在地：美唄市東明町

オオルリ

カワセミやエゾライチョウを探しながら 野趣あふれる遊歩道を歩く、池と森の観察地

美唄市街地の東側にある公園。山の端に位置し野鳥や山野草が楽しめる自然公園の要素と、花見やイベントが行われるレクリエーションの場の要素を併せ持つ総合公園である。中核となる池は沢をせき止めて作られたもの。桜の木が1,600本も植えられ、一般には「空知一の桜の名所」として知られている。桜の時期には大勢の花見客でにぎわうが、鳥の多い公園東側の沢づたいにまでは花見客はまずやってこないので、意外と花見の喧騒（けんそう）と無縁にマイペースで探鳥が楽しめる。

最も楽しめる5月上旬ごろにこの公園で見られる鳥は、センダイムシクイ、キビタキ、アカハラ、ニュウナイスズメなど。この顔触れから想像できるように、明るい広葉樹林を好む鳥が多い。ビンズイも多く、また沢の近くではオオルリも見られる。ゴジュウカラなどのカラ類やアカゲラなどのキツツキ類は園内のどこででも出会う。かつてはエゾライチョウもよく目撃されていたが、最近はあまり見かけない。池にはアオサギやマガモ、カイツブリなどがよく見られるほか人気者のカワセミも頻繁に姿を見せる。

探鳥に向いている沢づたいの山道は尾根と沢の横断を繰り返すように作られており、起伏が激しい。また、遊歩道の一部は不明瞭（ふめいりょう）で荒れている場所もあるので、足元は長靴が無難だ。公園とはいえ、探鳥コースは総じてワイルドな雰囲気で健脚向きだ。

サクラの咲くころ、探鳥も最も楽しい季節を迎える（5月上旬）

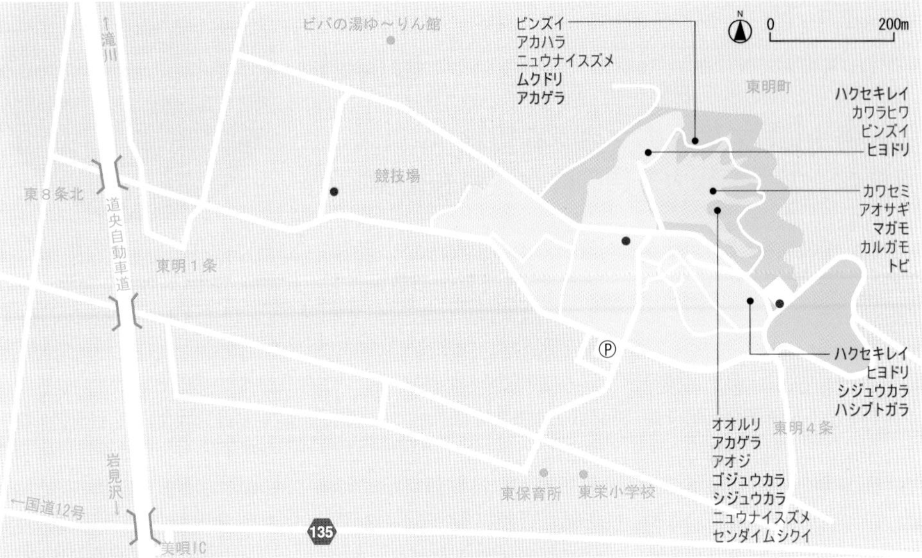

●トイレ　Ⓟ駐車場

遊歩道沿いの沢（5月上旬）

カワセミ

遊歩道は起伏が多く、階段状になっている場所もある（5月上旬）

ビンズイ

●装備など

●カテゴリー

セキレイ類／大型ツグミ類／ウグイス類／キツツキ類／カラ類／カイツブリ類／ムクドリ類／アトリ類／エゾライチョウ／サギ類／カワセミ類／淡水ガモ類／ワシタカ類／小型ツグミ類など

●アクセス情報

◎JR函館線美唄駅前から美唄市民バス「国設スキー場」行きか「アルテピアッツァ」行きで「東明公園」下車、徒歩約3分。

◎車の場合、道央自動車道美唄ICから約1㎞。公園入り口には正式な駐車場ではないが、数台分の駐車スペースがある。

MEMO

◎公園入り口付近はスペースカリヨン（洋風の鐘）が設置されるなど人工的に整備され、桜の木がたくさん植えられている。この周辺は人も多いがハクセキレイやカワラヒワなどが見られ、ヒヨドリが桜のみつを吸う様子なども見られる。

◎11月1日から4月30日までは冬季休園となり、立ち入ることができない。

宮島沼

所在地：美唄市西美唄町大曲

国内最大にして最北のマガン寄留地
何種類ものガン類カモ類のほか猛禽も見られる

全国にその名をとどろかせるマガンの沼・宮島沼は美唄市西端の田園地帯にある面積30haほどの浅い沼だ。西側に石狩川が流れている。水鳥の渡り中継地としての重要性からラムサール条約の登録湿地となっている。宮島沼がいつ、どのようにしてできたのかは正確にはわかっていないが、かつて国内最大の湿原であったと言われる石狩川流域の泥炭地の名残であることは間違いないようだ。

宮島沼はピーク時には最大7万羽以上のマガンがひしめく国内最大にして最北の寄留地である。ここを渡り中継地として利用するマガンの数は増え続けている。観察者もまずはマガンの数の迫力を体験したい。早朝、採餌のために一斉に飛び立つ様子や、夕方、採餌場から隊列を組んで沼に戻ってくるねぐら入りの様子は見る者を圧倒する。空を覆い尽くすような数の大型の鳥の群舞は他では体験できない迫力だ。飛び立ちは日の出少し前、ねぐら入りは日没前後だ。日中は周囲の農地を探せば容易に採餌の場面を見ることができるのでマガンの姿そのものをじっくり見たい向きには昼間の観察をおすすめする。

マガン以外にも、ヒシクイやカリガネ、シジュウカラガンなど他のガン類も少数ではあるが見られる。カモ類、ハクチョウ類、カイツブリ類そして水鳥をねらうオオタカやハヤブサなどの猛禽（もうきん）も出現し、目が離せない。さらに、淡水を好むシギ類もこの沼をよく利用する。

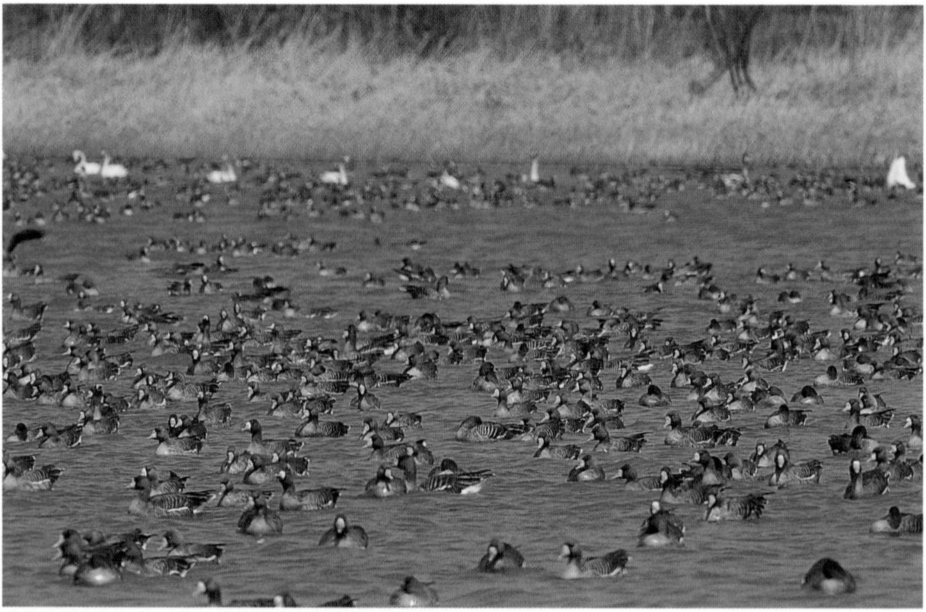
春・秋には湖面が水鳥たちで埋め尽くされる（4月中旬）

●お目当ての鳥：マガン、ハクガン、シジュウカラガン、カリガネ　●時期：1 2 3 4 5 6 7 8 9 10 11 12

●トイレ　Ⓟ駐車場

宮島沼の入り口（9月下旬）

宮島沼水鳥・湿地センター

コチドリ（宮島沼近くの農地で）

MEMO

◎マガンが見られるのは春季は3月下旬から5月上旬、秋季は9月下旬から10月中旬。また、飛び立ちの時間は春季4時30分ごろ、秋季5時ごろ、ねぐら入りの時間は春季17時30分ごろ、秋季16時30分ごろ。◎周囲の農耕地にはノビタキ、コヨシキリ、アリスイなど草原性の鳥が多く見られる。季節によってはアトリやモズ、コチドリなども見られる。

●装備など

●カテゴリー

ガン類／ハクチョウ類／淡水ガモ類／海ガモ類／アイサ類／カイツブリ類／シギ・チドリ類／サギ類／カモメ類／タカ類　など

●珍しい鳥の記録

ハイイロガン、ムラサキサギ、コウノトリなど

●アクセス情報

◎JR函館線岩見沢駅前バスターミナルから中央バス月形行きで「大富農協前」下車、北へ約500m。

◎車の場合、道央自動車道美唄ICから約17km。または岩見沢ICから約21km。国道12号峰延本町から約12km。日中の観察など周囲の農地での採餌場面を探すには車でないと不便。

●探鳥会

日本野鳥の会滝川支部などの主催で行われる。

●施設

宮島沼水鳥・湿地センター（TEL 0126-66-5066月曜休館）

宮島沼の秋の夕暮れ。マガンの群れが次々に戻ってくる（10月上旬）

袋地沼

所在地:砂川市/空知管内新十津川町

亜種オオヒシクイの渡り中継地
ハクチョウ類やアイサ類も見られる河跡湖

空知地方には石狩川のかつてのはんらんを物語る三日月湖がいくつもあり、そのひとつが砂川市と新十津川町にまたがる袋地沼だ。一般に「ふくろじぬま」と呼ばれるが、正式には「たいじぬま」と読む。また、同じ名の沼が奈井江町にもあり、「砂川袋地沼」「奈井江袋地沼」と呼び分けて区別している。ここで紹介するのは「砂川袋地沼」のほうで、明治時代後期のはんらん時に石狩川から切り離された面積38haほどの浅い河跡湖だ。

この袋地沼はヒシクイ(亜種オオヒシクイ)やオオハクチョウなどが渡りの途中で立ち寄る中継地になっており、アイサ類やカイツブリ類なども見られる。1999年に狩猟が自粛されてから秋にも水鳥の個体数が増加し、マガンも見られるようになった。ヒシクイが好むヒシの実が豊富なため、春のピーク時(4月下旬)には最大2,500羽ものヒシクイがこの沼を利用する。

最も観察に向いた時期はやはり春の渡り時期で、湖面が解け始めると多くのガン・カモ・ハクチョウ類でにぎわう。人気のミコアイサやカイツブリ類も常連だが、観光客に餌付けされているハクチョウ類以外は岸辺から遠いので望遠鏡が必要だ。北海道では道南以外では少ないコサギやダイサギも出現することがあり、また水鳥をねらうオオタカやオジロワシも見られる。

ヒシクイは日中は大部分が沼の周囲の農耕地で採餌するほか、周辺の水域に入ることもある。

三日月状の形がよくわかる袋地沼(4月上旬)

●お目当ての鳥：ヒシクイ（亜種オオヒシクイ）、ミコアイサ、オオタカ　●時期：1 2 3 4 5 6 7 8 9 10 11 12

Ⓟ駐車場

ハクチョウ類の餌付け場として観光地化している（４月上旬）

●装備など

●カテゴリー

ガン類／ハクチョウ類／アイサ類／淡水ガモ類／海ガモ類／カイツブリ類／ワシタカ類／サギ類　など

●アクセス情報

◎JR函館線砂川駅から徒歩約30分。

◎車の場合、道央自動車道奈井江砂川ICから国道12号経由で約10km。

オオハクチョウ

ミコアイサも毎年現れる（４月上旬）

付近の農耕地で採餌するヒシクイ（４月中旬）

MEMO

◎観察地は沼の東端にあるハクチョウ類の餌付け場。そこから奥行きのある沼を南西に向かって見る形になるので、光線状態は早朝がよい。

◎ヒシクイなどガン類は日中は周囲の田畑でも採餌するので、沼だけでなく周辺の農地を丹念に探すのもよい。そのためには車の利用が便利。

滝川公園

所在地：砂川市空知太

多様な環境に支えられる都市公園の鳥たち フクロウやカワセミも見られる

市民の憩いの場として大正時代に造成された都市公園。公園内の池は空知川の河跡湖でへラブナの釣り場となっているほか、桜が多数植えられ花見の場所としても親しまれている。最近は昔ほどのにぎわいはなくなったといわれるが、それが幸いしたのか、近年フクロウが繁殖したりカワセミやエゾリスが安定して観察される場所となって野鳥好き、動物好きの人々を喜ばせている。

後背地の森やスキー場跡の草地が隣接しており、また空知川も近いため周辺には多様な環境があり、そのため多くの野鳥が見られる可能性のある場所となっている。

最も多くの鳥が見られる時期はやはり初夏のころ。公園内の木々ではアカゲラやニュウナイスズメ、コムクドリなどが繁殖し、キビタキやオオルリ、アカハラ、アオジ、センダイムシクイなどの姿も見られる。池ではカワセミが魚捕りに忙しく、時にはヘラブナ釣りのさおに止まることもある。

古木の樹洞ではフクロウがしばしば繁殖し、5月下旬から6月頃には可愛らしい雛たちの姿が見られるようになる。フクロウは冬もここでねぐらを取ることが多く、昼間の姿がじっくり見られる。アオバズクが繁殖したこともある。さらに、クマゲラも頻繁に姿を現し、時には人の目も気にせずに枯れ木に巣くうアリの捕食に余念がない。

また、一時期クマタカがしばらく居付いていたこともあるなど、楽しみの多い公園である。

園内の遊歩道は一部分ウッドチップが敷かれ、歩きやすい（6月上旬）

●お目当ての鳥：クマゲラ、フクロウ、カワセミ、アオバズク ●時期：| 1 | 2 | 3 | **4** | **5** | **6** | 7 | 8 | 9 | **10** | **11** | 12 |

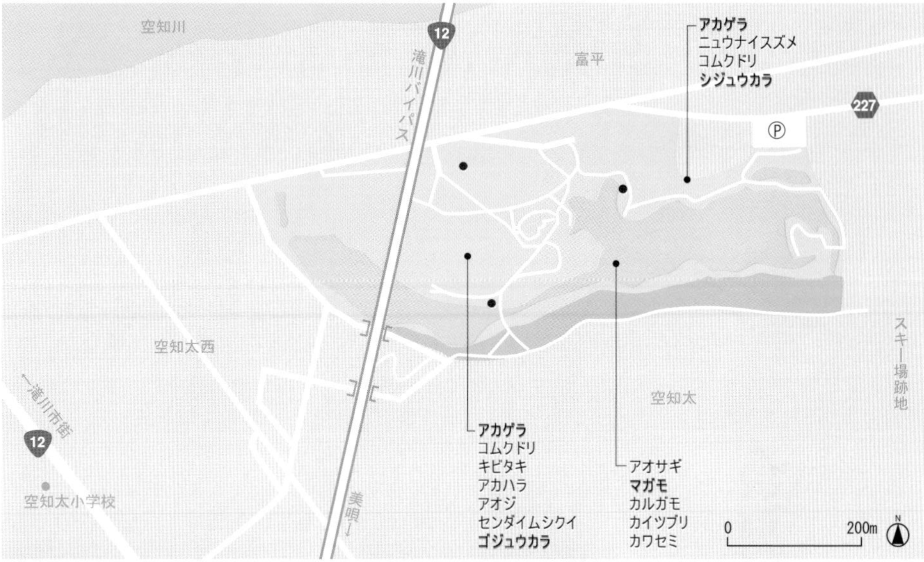

●トイレ　Ⓟ駐車場

園内の池は空知川の河跡湖（6月上旬）

フクロウ（12月下旬）

アカゲラ（6月上旬）

●装備など

●カテゴリー

サギ類／淡水ガモ類／海ガモ類／カイツブリ類／カラ類／キツツキ類／スズメ類／ムクドリ類／ウグイス類／ヒタキ類／小型ツグミ類／ハト類／カワセミ類／セキレイ類／レンジャク類／アトリ類／フクロウ類　など

●アクセス情報

◎JR函館線滝川駅前バスターミナルから中央バス「奈井江高校行き」「美唄行き」「歌志内行き」で乗車約6分「滝川公園入り口」下車。

◎車の場合、道央自動車道滝川ICから国道38号経由で約3km。滝川駅前からは約2km。

MEMO

◎公園の所在地は砂川市だが、造成当時の行政区分の名残で滝川公園と呼ばれており、滝川市が管理している。

◎観察例の少ない鳥としては冬のアオシギ、渡りの時期のマミチャジナイなどの記録がある。

◎隣接するスキー場跡の草原ではホオアカ、ホオジロ、ノビタキ、ヒバリ、カッコウなどが見られるので、併せて探鳥するのも一興。

◎公園内には石川啄木の歌碑がある。

雪のちらつく中、冬の森で食べ物を探すクマゲラ（12月下旬、滝川公園）

滝里湖

所在地:芦別市滝里町

ダム湖が拓いた新たな探鳥フィールド 初夏の森の鳥や晩秋の水鳥を見る

富良野市の北側、空知川の中流部にできた新しいダム湖。竣工は1999(平成11)年。一般水力発電所としては道内最大のダムで、国道から見る様子はいかにも人工的な感じだ。一見、野鳥観察に向かない印象を受けるが、実際には周囲は大雪山系の西端につながる豊かな森林地帯であり、森林性の鳥類や動物が多数生息している。むしろ、従来立ち入ることが困難だった深い森に、ダム湖ができたために新たな探鳥フィールドが開かれたといえそうだ。

湖の北側一帯が探鳥に適したエリアで、まずは奔茂尻トンネルの滝川側出入口の西にある駐車帯を5～6月頃に訪れてみるとよい。駐車場に付属して小規模な公園があり、ここが格好の探鳥ポイントだ。環境としては針葉樹と広葉樹の交じる比較的明るい森で、オオルリやキビタキ、クロツグミなど森の歌い手が勢ぞろいしている。クマゲラやオオコノハズクの繁殖記録もある。

秋には、新野花南トンネルの芦別側出入り口近くから「空知大滝入り口」の表示のある道へ入りダム下流の空知川沿いに車を走らせれば水鳥の観察ポイントへ出る。オシドリやカワアイサが川面に見られ、秋が深まればカモ類が増えてくる。晩秋には湖面にもコガモ、ハシビロガモ、キンクロハジロなどが多くなる。時に、内陸であるにもかかわらずアカエリヒレアシシギやアジサシなどの大群が見られ、クマタカの飛翔を見ることもある。

ダム堤体近くの渓流(10月下旬)

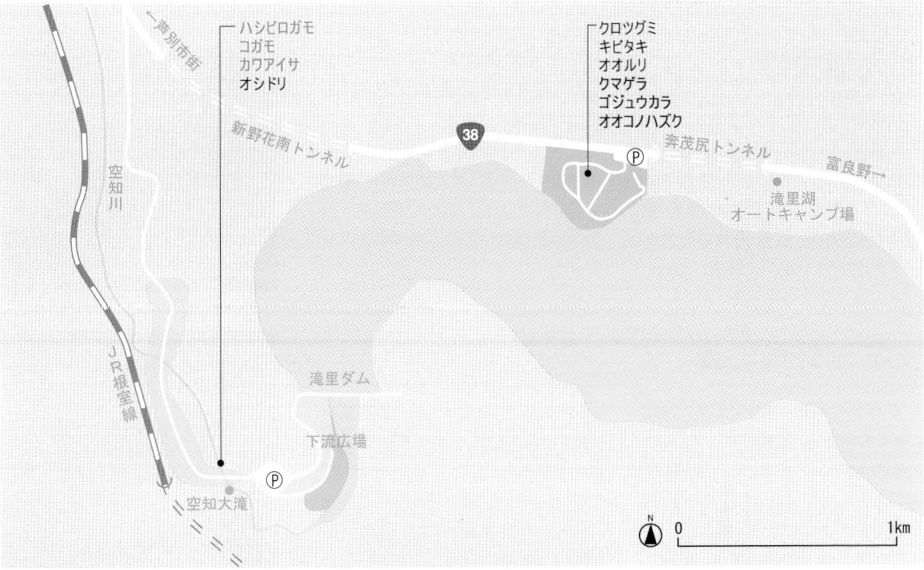

●トイレ　Ⓟ駐車場

奔茂尻トンネル西にある駐車帯の森（6月下旬）

下流広場（10月下旬）

ハシビロガモ

●装備など

●カテゴリー

ヒタキ類／大型ツグミ類／小型ツグミ類／キツツキ類／淡水ガモ類／アイサ類／カモメ類／アジサシ類／ワシタカ類／アトリ類／カラ類／サギ類／ハヤブサ類／アカエリヒレアシシギなど

●アクセス情報

◎滝川方面からはJR根室線芦別駅から国道38号経由で約15km。最寄り駅は野花南だが、それでも約5kmある。列車本数も少ないので車の利用をお勧めする。

◎富良野方面からはJR根室線富良野駅から約15km。やはり国道38号を利用。

MEMO

◎ダム堤体近くは「下流広場」と称する開けた公園になっている。ここから見る対岸の鬱蒼とした森にもよくクマゲラが見られる。ただし、ヒグマの出没も日常的な場所なので十分注意すること。エゾシカやキタキツネもよく現れ、遊歩道はエゾシカのふんだらけだ。

◎奔茂尻トンネルの富良野側出入り口近くには設備の整った滝里湖オートキャンプ場があり、早朝からの観察に備えてキャンプして探鳥するのもよい。

道央　その他の観察地

北大植物園
ほくだいしょくぶつえん

札幌の市街中心部にあるオアシス的な場所。ビル街に囲まれたささやかな緑地だが、カラ類やキツツキ類をはじめウグイス類、ヒタキ類など森林性の鳥が見られる。広葉樹林ではアカゲラやコムクドリなどが繁殖し、園内の池や湿地(幽庭湖)にはアオサギやマガモが飛来する。観察には5月から6月が好適。

●札幌市中央区北3条西8丁目●冬季(11～4月)および月曜休園●入場には大人420円の入園料がかかる●駐車場なし●トイレあり●時期5～6月

支笏湖野鳥の森
しこつこやちょうのもり

支笏湖の東岸、キムンモラップ山にある散策路を「野鳥の森」と呼んでいる。ウォッチングが楽しめるのは観察舎のある水場で、じっと待っていれば小鳥たちが次々にやってきて水浴びする場面を観察窓から至近距離でじっくり見られる。積雪期以外はいつでも楽しめるが、コマドリやコルリ、ヤブサメ、クロツグミなどがやってくる初夏から多くの鳥の幼鳥が増える初秋が特におすすめ。

●千歳市支笏湖温泉●JR千歳駅から約27km●駐車場あり●トイレなし●時期4～11月

手稲山軽川
ていねやまかるかわ

札幌市西郊に位置し、スキーなどで親しまれている手稲山(1024m)の山腹から山麓の探鳥地。山頂へ向かう手稲山麓道の途中から川沿いの舗装路(手稲山麓西線)があり、この道を車でゆっくり下りながら周囲に目を向ければオオルリやキセキレイなどが見られ、コルリやヤブサメ、ウグイスも多い。手稲山中腹ではマミチャジナイやホオジロと出会える。

●札幌市手稲区手稲本町●JR手稲駅から数kmの場所だが、探鳥は車で●駐車場なし●トイレなし●時期5～6月

恵庭公園
えにわこうえん

恵庭市街地の南郊、ユカンボシ川源流部の自然林を生かした自然公園。住宅街に隣接しながらも良質な広葉樹林が残され、カラ類、キツツキ類、ヒタキ類、大型ツグミ類、ウグイス類、ホオジロ類などが観察できる。ミソサザイやメジロなどもよく見かける。5月の新緑のころが最も楽しめアオジやキビタキのさえずりをたんのうできるが、渡りの時期や冬も見逃せない。

●恵庭市駒場町●道央自動車道恵庭ICから約4km●駐車場あり●トイレあり●時期1～2、4(後半)～6、10～11月

市来知神社
いちきしりじんじゃ

三笠市街地にある神社で、その裏手の森がフクロウ生息地として近年広く知られるようになった。フクロウは通年見られるが、特に巣立ちびなが現れる6月ごろにはフクロウを見るために多くの人が訪れる。繁殖の時期には巣穴に人が近づかないようロープを張って立ち入りを規制している。ほかにキツツキ類やカラ類、ムクドリ類なども繁殖する。

●三笠市宮本町●道央自動車道三笠ICから約3km●駐車場・トイレは参拝者用の施設を拝借●時期1～3、5～7、11～12月

第2章

道北 上川・留萌・宗谷

シマセンニュウ(6月、オムサロ原生花園)

かなやま湖

所在地：空知郡南富良野町東鹿越

エゾライチョウ

森の鳥も水鳥も楽しめる 意外な出会いも期待できる穴場的観察地

金山ダムによって空知川をせき止めて作られたかなやま湖は富良野地域の観光名所のひとつであり、魚釣りやカヌーなどアウトドアを楽しむ多くの人々が訪れる。観光やアウトドアレジャーの中心となる湖の北側中央部はオートキャンプ場やホテル、ラベンダー園などがいかにもリゾート的に整備され、従来バードウオッチャーがあまり関心を示さなかった場所だ。しかし、湖の南側などでは意外なほど多くの鳥との出会いを楽しむことができる。

湖の中央部にかかる鹿越大橋を渡って南岸へ行き、根室線の線路を過ぎたら３本めの道を右折してしばらく進むと未舗装路になる。この未舗装路を探鳥路として利用する。ゆっくり車を進ませると、５月ごろならキビタキやアカハラなど美声の夏鳥たちに出会える。エゾライチョウも多く、車から降りずにそっと観察すれば近くからじっくり見ることも可能だ。秋の渡りの時期であればマミチャジナイやツグミなど渡り途中の大型ツグミ類もよく見かける。クマゲラやハイタカにも年間を通して出会える。この道路は最初は遊歩道的だが、進むにつれて道幅が狭まり林道の様相を呈してくる。訪れる人は少なく、マイペースで静かに野鳥観察が楽しめるが、ヒグマ生息地でもあるので車から降りずに探鳥するのが無難だ。

一方、東鹿越駅付近から東側では春秋の渡りの時期には湖面にオオハクチョウやヒシクイなどの水鳥が見られる。

湖南岸の未舗装道路（10月下旬）

お目当ての鳥：エゾライチョウ、クマゲラ、ハイタカ

時期：

1	2	3	4	5	6	7	8	9	10	11	12

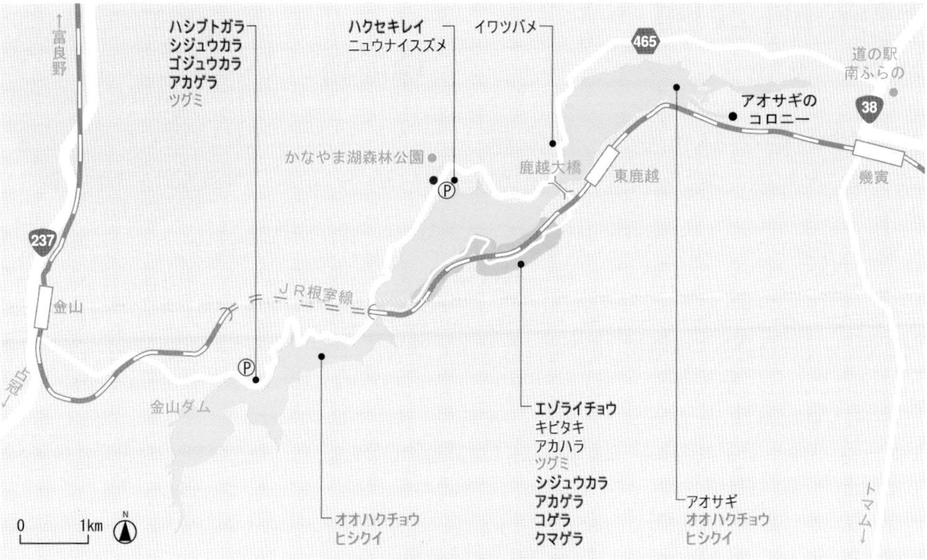

●トイレ　Ⓟ駐車場

金山ダム（10月下旬）

湖の北側にあるラベンダー園（7月中旬）

ハイタカ

●装備など

●カテゴリー

ヒタキ類／大型ツグミ類／小型ツグミ類／ウグイス類／キツツキ類／淡水ガモ類／海ガモ類／アイサ類／ハクチョウ類／ガン類／ワシタカ類／カラ類／サギ類／イワツバメ／カイツブリ類／エゾライチョウ／カラス類／ムクドリ類　など

●アクセス情報

◎JR根室線幾寅駅から約15km。最寄り駅は東鹿越。

◎車では、国道38号の「道の駅南ふらの」付近から西側へ進み約8kmで湖北側の中心部へ出る。探鳥には、ヒグマの危険を回避するためにも車の使用をお勧めする。

MEMO

◎湖の南東側に100巣規模のアオサギのコロニーがある。また鹿越大橋には毎年イワツバメがコロニーを作る。

◎オートキャンプ場やホテルの周辺でもカラ類やニュウナイスズメ、ハクセキレイなど身近な野鳥が観察できる。

◎湖南岸の未舗装道路は最終的には車で入れない「原石の沢林道」となる。また、この道は交通量は少ないが、時折釣り人の車が猛スピードで通行することがあるので注意。

神楽岡公園

所在地：旭川市神楽岡

シメ

丘陵地の自然林を生かした公園 河川敷とともに幅広い野鳥観察が楽しめる

旭川市街地の中心部から3kmほど南東にある丘陵地の自然を生かした公園。明治時代の開拓期には上川離宮の予定地とされたほど古くから風光明媚(めいび)で知られた御陵林だった場所である。大正時代から公園として整備され、現在も自然林が残されたエリア（自然生態観察公園区域）を中心に多くの野鳥が見られる。

「自然生態観察公園区域」は別名「野鳥の森」と呼ばれるだけあって、5月の新緑のころにはオオルリ、センダイムシクイ、アオジなど多くの森林性鳥類の繁殖場所となる。中でもキビタキは数が多く、もちろんシジュウカラ、ゴジュウカラなどのカラ類もふんだんに目にする。札幌周辺では留鳥のシメも旭川では一般に夏鳥で、この森でよく見かける。チゴハヤブサやトラフズクも公園内で繁殖する。

園内を忠別川のほうへ下っていくと、遊具やキャンプ場などのある「一般公園区域」に入るが、このエリアではムクドリが樹洞で繁殖し、ニュウナイスズメやアカハラの姿も見かける。さらにそのまま忠別川の河川敷に出れば、ハクセキレイ、アオサギ、マガモ、イソシギなどが見られる。

秋の渡りの時期にはルリビタキやジュウイチ、アカハラ、トラツグミなどが見やすく、クマタカが出現したこともある。冬には、キレンジャクやアトリなどナナカマドの実を食べる小鳥が見られ、当たり年には大きな群れでやってくる。

幅広い遊歩道でゆったりと探鳥が楽しめる（5月下旬）

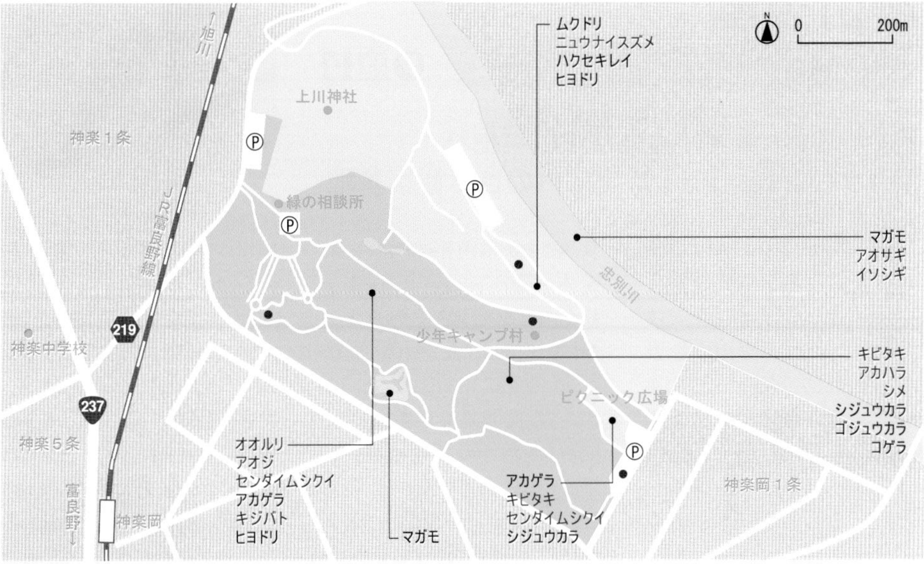

●トイレ　Ⓟ駐車場

ピクニック広場（5月下旬）

せせらぎ観察水路（5月下旬）

ムクドリ

装備など

カテゴリー

ヒタキ類／ウグイス類／大型ツグミ類／ムクドリ類／ホオジロ類／アトリ類／スズメ類／キツツキ類／カラ類／フクロウ類／チゴハヤブサ／淡水ガモ類／サギ類　など

アクセス情報

◎JR函館線旭川駅から旭川電気軌道バス「南高・緑が丘線」または「リサーチパーク線」で「上川神社前」下車、徒歩10分。

◎車の場合、旭川駅前から国道237号経由で約3km。

探鳥会

日本野鳥の会旭川支部主催で例年5月に行われる。また旭川市博物館の主催で5月ごろに行われる。

MEMO

◎林床にはエゾエンゴサクやニリンソウなどの春植物が豊富。また「一般公園区域」内にミズバショウやザゼンソウが見られる湿地がある。また「都市緑化植物園区域」もあり、様々な樹木の植栽も見もの。

◎近くに外国樹種などの人工林を公園化した「神楽見本林」がある。この見本林では針葉樹を好むイスカやヒガラ、キクイタダキなどが見られるので時間に余裕があれば寄ってみたい。

嵐山公園

所在地:上川郡鷹栖町嵐山

アオバズクも繁殖する良質な広葉樹林 花も木も虫も楽しめる旭川郊外の自然観察基地

旭川郊外の低山、嵐山(253m)の良質な落葉広葉樹林を生かした自然公園。ふもとではオサラッペ川が石狩川に合流し、背後の300～400m級の山々を含む一帯は道設鳥獣保護区に指定されている。鳥は100種ほどが記録されており、山野草や昆虫などの観察地としても魅力的で、多くの自然愛好家に親しまれている。

探鳥が最も楽しめる5月の早朝にはクロツグミ、オオルリ、コルリ、アカハラなど色とりどりの夏鳥たちが歌声を競い合い、山全体が鳥のコーラスで満ちあふれる。キビタキは特に多い。キジバトやトビもよく見かける。季節が少し進めばツツドリやカッコウといった托卵鳥の声も加わり、間もなく木々の葉は色濃く広がっていく。夏にはアオバトを見ることもあり、夜にはアオバズクやコノハズクの声が響く。

見事な紅葉が見られる秋には渡り途中の鳥がいろいろ見られる。晩秋になればカケスやキバシリをよく見るようになり、石狩川にはカモ類やアイサ類が増えてくる。

そして厳寒の冬には、ハシブトガラやシジュウカラなどのカラ類やコゲラ、アカゲラなどキツツキ類の観察が楽しい。これら留鳥はこの季節でなくても見られるが、冬は警戒心が薄いため比較的近寄って観察できる。オオアカゲラも比較的よく現れる。氷点下20℃も珍しくない当地で、鳥たちが保温のため体を膨らませながら懸命に食べ物を探す様子は感動的だ。

公園入り口を流れるオサラッペ川(5月下旬)

●お目当ての鳥：キビタキ、コルリ、オオアカゲラ

●時期：| 1 | 2 | 3 | 4 | 5 | 6 | 7 | 8 | 9 | 10 | 11 | 12 |

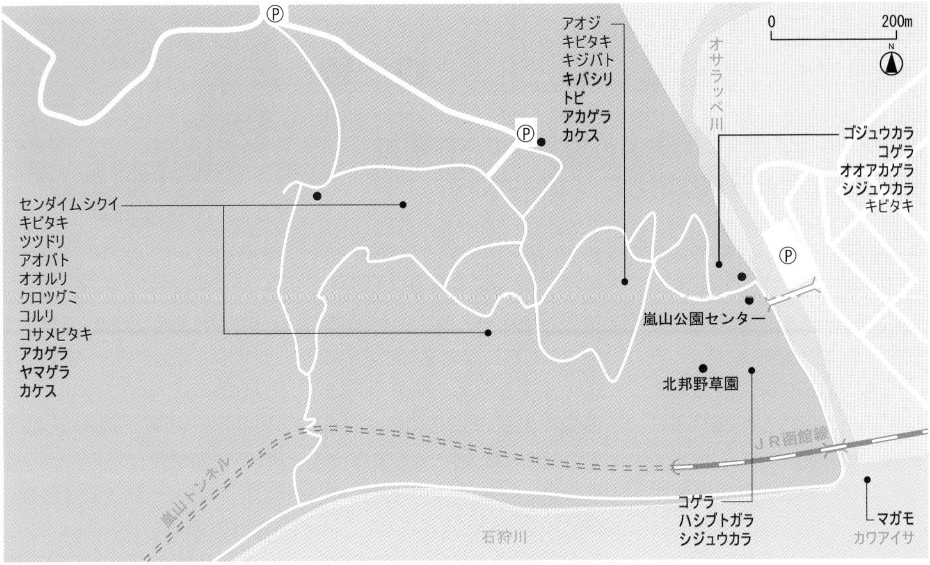

●トイレ　Ⓟ駐車場

広葉樹林の中を行く遊歩道（５月下旬）

嵐山公園センター

キジバト

●装備など

●カテゴリー

ヒタキ類／ウグイス類／大型ツグミ類／小型ツグミ類／ムクドリ類／ハト類／ホオジロ類／アトリ類／フクロウ類／キツツキ類／カラ類／淡水ガモ類／アイサ類／タカ類　など

●アクセス情報

◎JR函館線旭川駅前１条８丁目バス停から旭川電気軌道バス「３番（近文線）」で「北邦野草園」下車、徒歩約15分。また、JR函館線近文駅から徒歩約25分。

◎車の場合、道央自動車道旭川鷹栖ICから約2.6km。

●探鳥会

日本野鳥の会旭川支部主催で例年４月に行われる。

MEMO

◎公園の南部、石狩川沿いのサイクリングロードを深川方向へ歩くと約２kmで江丹別川との合流点に出る。この辺りには一層カモ類が多い。

◎冬季、公園入り口の「嵐山公園センター」前ではバードテーブルを設置しており、カラ類などのほかいつもエゾリスが見られる。「嵐山公園センター」ではいろいろな自然観察情報が得られる。

◎公園内には約600種の植物がある「北邦野草園」やアイヌ民族の生活を残した「伝承のコタン」などがある。「北邦野草園」はカタクリ群落で有名だが５月後半のシラネアオイの大群落も見事。

永山新川

所在地:旭川市永山

壮観! 万単位で集まる渡り鳥の中継地 親水、環境教育の場としての役割も

水鳥が万単位の数で集まり、近年脚光を浴びている探鳥地だ。永山地区市街地の北東側を流れる直線の水路で、石狩川の支流・牛朱別川(うしゅべつがわ)の治水対策のために作られ2003年に完成した約6㎞の人工河川である。正式名は「牛朱別川分水路」だが、一般公募による愛称「永山新川」と呼ばれている。

水路工事は1984年に着工されたが、掘削中からハクチョウ類やカモ類が多数飛来し、その姿を見ようと連日市民が集まる事態になったというエピソードがある。そのため、水を流さない工法の予定だったところ、水面を保ちながら工事を進めることになり、水鳥が休むための中州の造成や市民が水辺に近づけるように計画変更されて工事が進められたという。治水だけでなく親水、環境教育の場としての役割を持つ人工河川として完成し、新たな渡り鳥の一大中継地が出現した。

ここに集まる水鳥は、オナガガモやオオハクチョウを中心に4月のピーク時には5万羽に上る。トモエガモ、ヨシガモ、ハシビロガモ、ヒドリガモ、ミコアイサ、シジュウカラガン、マガンなど種数も多い。オジロワシやハヤブサなど猛禽が現れると数万羽の水鳥が慌てふためいて逃げ飛び回り、その壮観な眺めには圧倒される。

水鳥だけでなく、両岸の遊歩道沿いではイスカ、オオモズ、マミジロキビタキなどの記録もあり、初夏にはカッコウやオオヨシキリのさえずりが響く。

春には水鳥たちが川面を埋め尽くす(4月中旬)

●お目当ての鳥：カモ類の大群、トモエガモ、ヨシガモ、シジュウカラガン、ヒシクイ　●時期：

1	2	3	4	5	6	7	8	9	10	11	12

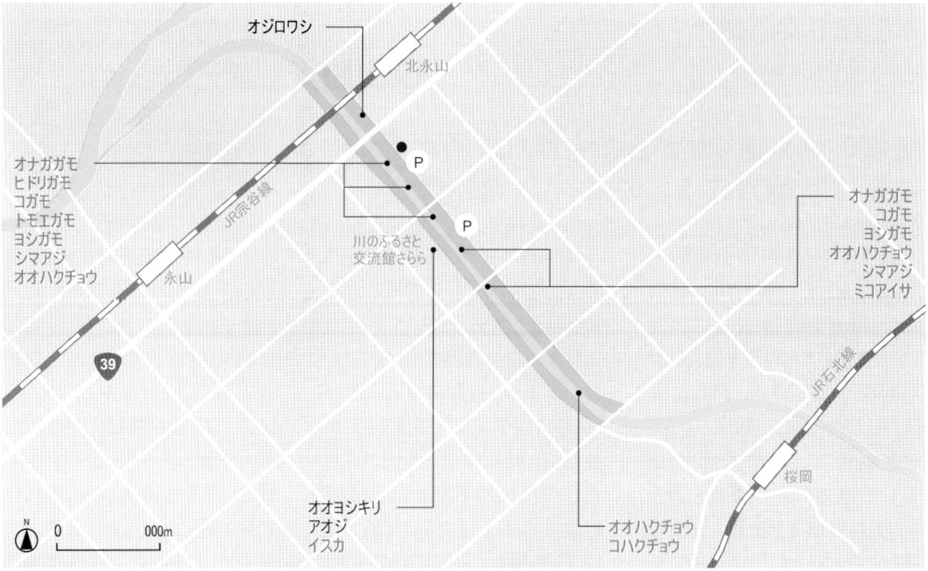

●トイレ　Ⓟ駐車場

水鳥とのふれあいも永山新川の役割のひとつ

オナガガモ

イスカ

●装備など

●カテゴリー

カモ類／ハクチョウ類／ガン類／アイサ類／カイツブリ類／アトリ類／ホオジロ類／モズ類／カッコウ類／ヨシキリ類

●珍しい鳥の記録

シジュウカラガン、アメリカコハクチョウ、セイタカシギ、オオモズ、マミジロキビタキ　など

●アクセス情報

◎車の場合、旭川駅周辺から中央橋通りを経由して約 9 km

◎JR宗谷線北永山駅から徒歩約10分。バス利用の場合は旭川駅前から「永山13丁目」下車、徒歩約 3 分。

MEMO

◎永山新川から車で南方へ15分ほどの所に「旭山動物園」があり、動物たちの生態を見せる「行動展示」で有名なので、探鳥のついでに立ち寄るのも一興。

◎旭山動物園の南側に隣接する「旭山公園」はキツツキ類、カラ類、ヒタキ類、ツグミ類など森林性の野鳥の観察に向いたスポットで、人気のクマゲラやエゾライチョウもしばしば観察される。春・秋の渡り期のほか 5 月の夏鳥シーズンおよび 1・2 月の厳寒期も楽しめる観察地として注目される。永川新川の南端から直線距離で約5kmの場所なので永山新川と併せて楽しめる。

鳥沼公園

所在地:富良野市東鳥沼

オカヨシガモ

厳寒の地にありながら冬も凍らぬ湧水の池 初夏は新緑がまぶしい清々しい観察地

鳥沼は、富良野市街地の東側にある周囲１kmほどの小さな沼だ。周囲の森林とともに公園として整備され、四季を通じて野鳥観察が楽しめる。十勝岳連峰からの地下水の湧出によってできた沼で、年間平均水温８℃の湧水によって冬も凍らず、水鳥の越冬地として貴重な存在となっている。アイヌ語でチカンプトゥ（鳥のいる場所）と呼ばれていたことからも古くから野鳥が集まるスポットだったことが推察される。

カモ類は10月から集まり始める。通年ここに生息するマガモに加えてコガモ、ヒドリガモ、オカヨシガモなど数種類が越冬し、コハクチョウも飛来する。氷点下20℃以下にまで気温が下がることも珍しくない山間部でこれだけの鳥が越冬できるのはまさに湧水のおかげだ。時にはオジロワシも現れ、フクロウが樹洞で休む姿も見られる。また、オシドリも春先に飛来することが多い。

冬のカモ類ウォッチングと並んで楽しいのが５月の新緑のころ。沼から道路をはさんだ西側の広葉樹林ではアカハラ、センダイムシクイ、ツツドリなど森林性の鳥が多数見られ、特に目立つのはキビタキ。ムクドリやシジュウカラも繁殖し、アカゲラやヤマゲラのドラミングの音も響く。沼の水面を飛ぶカワセミの声も聞こえてくるにぎやかで華やかな季節だ。沼の南東側の森は公園とは思えないほどうっそうと繁り、針葉樹もあって雰囲気が異なるのでこちらも併せて探鳥するとよい。

鳥沼は湧水のため厳寒期でも結氷しない。氷点下20℃の朝、気嵐（けあらし）が湖面を覆う幻想的景観の中、マガモたちが泳ぐ（１月中旬）

●お目当ての鳥：コガモ、カワアイサ、キビタキ、アカハラ　●時期：1 2 3 4 5 6 7 8 9 10 11 12

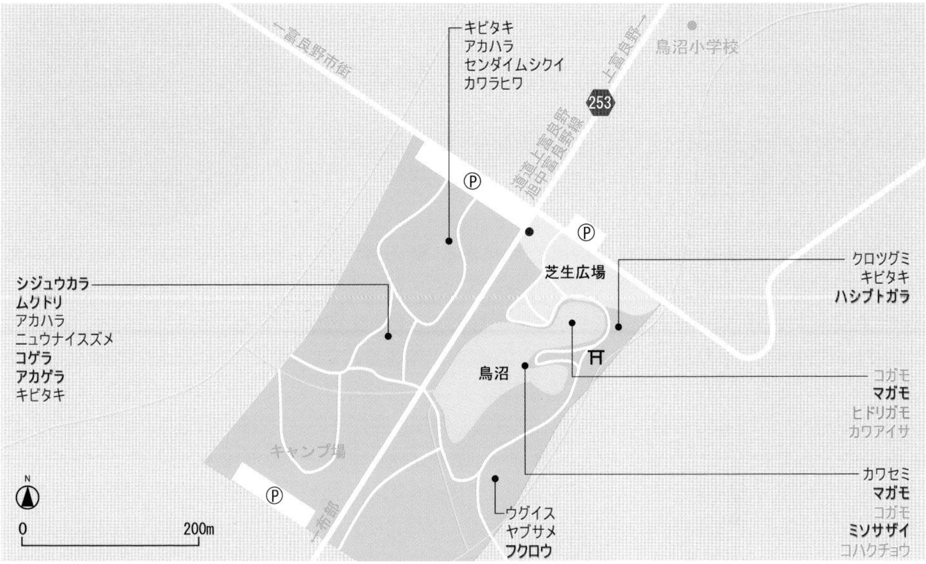

●トイレ　Ⓟ駐車場

沼の南東側の遊歩道（6月上旬）

●装備など

●カテゴリー

淡水ガモ類／アイサ類／カワセミ類／ヒタキ類／大型ツグミ類／ウグイス類／キツツキ類／ワシタカ類／カラ類／サギ類／カラス類／アトリ類／ムクドリ類／セキレイ類　など

●アクセス情報

◎JR根室線富良野駅から約5km、車で約10分。

◎JR根室線富良野駅からふらのバス麻町線「鳥沼7号」行きで「鳥沼3号」下車、徒歩1分。またはふらのバス麓郷線「麓郷」行きで「鳥沼2号」下車、徒歩5分。ただし、バスの便数は1日各3〜4本程度と少ない。

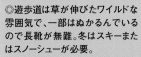

カワラヒワ

MEMO

◎遊歩道は草が伸びたワイルドな雰囲気で、一部はぬかるんでいるので長靴が無難。冬はスキーまたはスノーシューが必要。

◎森にはエゾリス、エゾモモンガなどもいるし、沼にはアメマス、ニジマス、エゾトミヨなど魚も多く、また湿地にエゾアカガエルやニホンザリガニも生息している。

◎バイカモ、スギナモ、エゾミクリなど沼の植生も注目に値する。

大雪山旭岳

所在地：上川郡東川町

ロープウエーを利用して高山の鳥を気軽に楽しむ 針葉樹林の鳥は登山しながらウオッチング

大雪山連峰は標高2,000m級の山々が続く広大な山岳地帯で「北海道の屋根」と呼ばれている。中でも最高峰の旭岳（2,291m）は、北海道のバードウオッチャーにとっては最も手軽に高山性の鳥を満喫できる山だ。ロープウェイという機動力を生かすことで、体力に自信のない人でも、安全に、また効率よく高山の自然が楽しめるというわけだ。

ロープウエー終点の姿見駅は標高1,600mのハイマツ帯の真っただ中にある。登山者はここから山頂を目指して登って行くが、探鳥が目的なら登る必要はない。この周辺に整備されている遊歩道を歩くだけでカヤクグリやノゴマなどの姿と声が十分に楽しめる。運がよければギンザンマシコやホシガラスが見られ、また、ハイマツ帯より上の岩れき地まで行けばハギマシコが現れることがある。

ノゴマは北海道では平地の草原で普通に見られる鳥だが、高山のハイマツ帯でも繁殖することが知られている。旭岳・姿見周辺ではとても数が多い。ノゴマに次いでよく見られるのはカヤクグリで、鈴の音のようなさわやかなさえずりを聞かせてくれる。また最近はノビタキを見る機会も増えてきた。

一方、健脚向けには旭岳温泉から姿見まで登山道を登りながらの探鳥も楽しい。ルリビタキ、ウソ、コマドリ、サメビタキ、ヒガラなど針葉樹林を好む鳥たちと出会えるだろう。

旭岳ロープウェイから見る山腹の針広混交林（6月上旬）

●お目当ての鳥：ノゴマ、カヤクグリ、ホシガラス、ギンザンマシコ　●時期：1 2 3 4 5 6 7 8 9 10 11 12

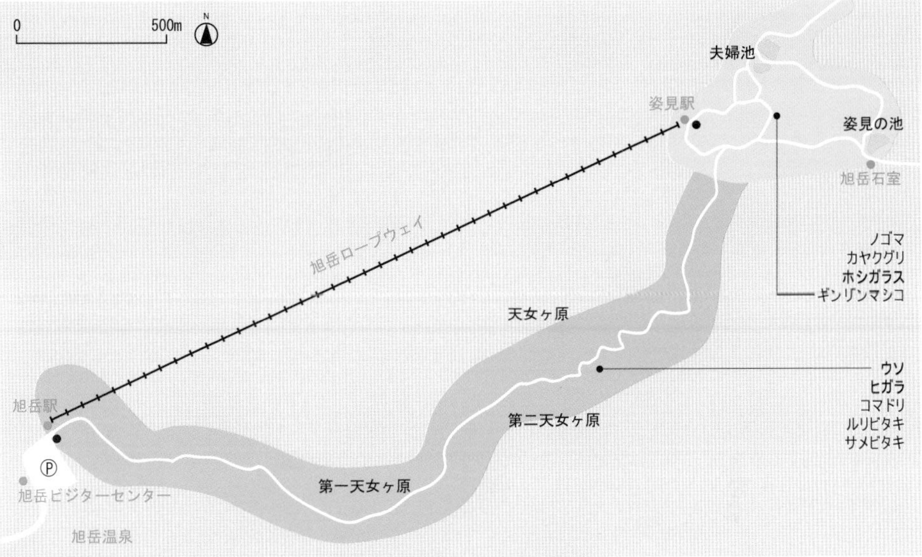

●トイレ　Ⓟ駐車場

姿見周辺のハイマツ帯（6月上旬）

残雪の姿見の池（6月上旬）

カヤクグリ

●装備など

●カテゴリー

小型ツグミ類／カヤクグリ／セキレイ類／ホシガラス／ヒタキ類／アトリ類／キツツキ類／エゾライチョウ　など

●アクセス情報

◎車の場合、道央自動車道旭川鷹栖ICから旭岳温泉まで約50分。旭川空港から旭岳温泉までは約40分。ロープウエーの所要時間は姿見まで約10分。

◎JR根室線旭川駅から旭岳温泉まで旭川電気軌道バス「いで湯号」で夏季は所要1時間25分（1日4便）。

●探鳥会

日本野鳥の会旭川支部主催で6月に行われることがある。

MEMO

◎姿見周辺の遊歩道は観光客や登山者が多いので、ゆっくり鳥を探したり三脚を立てたりしていると通行の迷惑になる。何カ所か設けられている展望台でベンチに座りながら探鳥しよう。展望台ではシマリスが足元にまで出てくるので退屈しない。

◎姿見の周辺はキバナシャクナゲ、メアカンキンバイ、コメバツガザクラなど高山植物の宝庫だ。また、天女ヶ原ではチングルマが咲きワタスゲが群落を作る。足元の花にも注目すると一層楽しい。

◎当然のことながら、遊歩道から出ることは厳禁。

ギンザンマシコの赤い姿が見られれば登山の疲れも吹き飛ぶ（大雪山旭岳）

キトウシ森林公園

所在地:上川郡東川町

森林性鳥類が生息する総合公園
冬はギンザンマシコが来ることも

旭川駅から東南東へ17㎞ほどの位置にあるキトウシ山（457m）山麓一帯の自然を生かした公園である。北海道の最高峰・旭岳へ向かう途中の里山地帯にあり、総面積は117haほどと広大で、宿泊施設やパークゴルフ場、スキー場などを中心に整備された「家族旅行村」になっている。展望台やアウトドア施設、子供向けの遊戯施設などもある総合的な公園だが、基本的には広葉樹を主体とするキトウシ山の森林環境であり、動植物の種類も多い。

森林性鳥類の生息地としても優れており、公園入口の周辺を散策するだけでカラ類はもちろん、アカゲラ、ヤマゲラ、オオアカゲラ、エナガ（亜種シマエナガ）などの留鳥やオオルリ、キビタキ、ムシクイ類などの夏鳥に会える。

野鳥観察が最も楽しめる季節は冬で、キレンジャク、ベニヒワ、イスカ、マヒワ、ウソ、キクイタダキなどが常連だ。ツグミ類やキレンジャクなどは公園入口周辺の歩道沿いにあるズミの赤い実を食べに来る。ノハラツグミやハチジョウツグミも記録されたことがあり、時にはギンザンマシコも群れで飛来する。ベニヒワやマヒワはカラマツやシラカバの種子がお目当てだ。公園入口や駐車場周辺の針葉樹にイスカがやってくるのはだいたい春先だ。

他に、人気のある鳥としてはクマゲラが比較的観察しやすく、また春先などエゾライチョウを見る機会もある。

キトウシ山の自然林を控えた森林公園（8月中旬）

●お目当ての鳥：クマゲラ、ギンザンマシコ、キレンジャク、ヒレンジャク　●時期：1 2 3 4 5 6 7 8 9 10 11 12

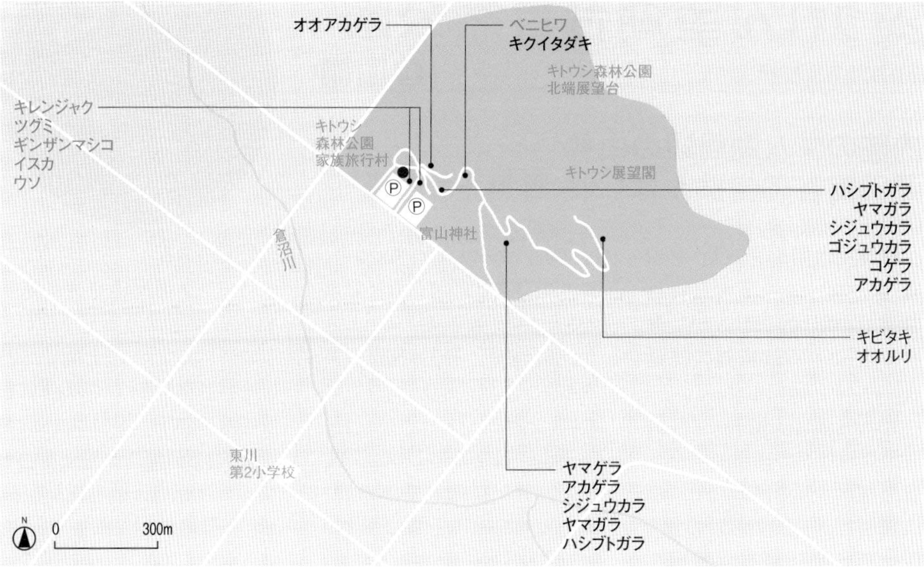

●トイレ　Ⓟ駐車場

オオアカゲラ

エナガ（亜種シマエナガ）

中腹から東川町の田園を望む

家族旅行村の宿泊施設「ケビン（貸別荘）」

MEMO

◎キトウシ森林公園から南へ約3kmほどの東川町市街地周辺では例年チゴハヤブサがカラスの古巣を利用して繁殖する。

◎キトウシ森林公園から約10km東南（道道1160号を旭岳方面へ）に「大雪旭岳源水公園」がある。旭岳の伏流水が湧き出す水源を公園化した場所で、取水場から沢沿いに遊歩道が整備され探鳥が楽しめる。ベストシーズンは4月下旬から5月上旬のゴールデンウィークで、移動途中のルリビタキやコルリ、コマドリなどが観察しやすい。留鳥のクマゲラ、オオアカゲラ、カワガラスなどの観察地としても好適だ。

●装備など

●カテゴリー

キツツキ類／レンジャク類／アトリ類／大型ツグミ類／カラ類／シマエナガ・キクイタダキなど小型の鳥／ヒタキ類／エゾライチョウ／ハヤブサ類／ワシタカ類　など

●アクセス情報

◎車の場合、旭川駅周辺から道道1160・940号を利用して東へ約20km。札幌などから道央自動車道を理由する場合は旭川鷹栖ICで降り、旭川駅方面へ。

◎公共交通機関の場合は、JR旭川駅から旭川電気軌道バス「東川60番」に乗車し、「ひがしかわ道草館前」下車、徒歩約40分。バスは概ね1時間に1本の運行で、朝夕でも1時間に2本程度。「ひがしかわ道草館前」までは乗車約45分。

◎旭川空港から道道294号を利用して約11km。

●施設

キトウシ森林公園事務所／キトウシ森林公園家族旅行村
（TEL 0166-82-2632）

ふうれん望湖台自然公園

所在地：名寄市風連町池の上

ホオジロ

内陸のダム湖周辺の山林
深山幽谷の自然がはぐくむ野鳥たちの姿

農業用水用のダム湖・忠烈布湖を中心にした広大な森林公園。面積は約131haあり、湖畔に巡らされた遊歩道の総延長はおよそ10㎞にも及ぶ。

忠烈布(ちゅうれっぷ)湖は人造湖だが、周囲の森林は湖の南側を中心に自然林が大半を占め、まさに深山幽谷といった雰囲気の漂う深い森である。鳥獣保護区に指定されていることもあり、ここには100種ほどの野鳥が生息することが知られている。

5月の早朝に遊歩道を歩けばアオジやアカハラ、キビタキ、コサメビタキ、ウグイスなど夏鳥のさえずりが響き渡り、それと競うように留鳥であるカラ類の声やキツツキ類のドラミングも森の中にとどろく。

湖面にはマガモ、カルガモ、キンクロハジロなどが浮かび、時にはシマアジなど数の少ないカモ類も見られる。またアカエリカイツブリも繁殖することがある。湖岸近くにアオサギやシギ類が見られることも多く、道北では少ないダイサギやチュウサギの記録もある。

キャンプ場周辺やダム堤体付近の草原状の場所ではホオジロやベニマシコなど開けた場所を好む鳥が多く、イソシギにも出会える。また、鳥ではないがキタキツネも頻繁に出没する。さらに湖の北東側には木道が整備された湿地があり、キセキレイやニュウナイスズメ、ムクドリなどが見られる。

秋、10～11月には淡水ガモ類が再び増え、オオハクチョウも立ち寄ることがある。

忠烈布湖を見ながら歩けるキャンプ場内の遊歩道（6月上旬）

●お目当ての鳥：コサメビタキ、アカエリカイツブリ、シマアジ、チュウサギ　●時期：

1	2	3	4	5	6	7	8	9	10	11	12

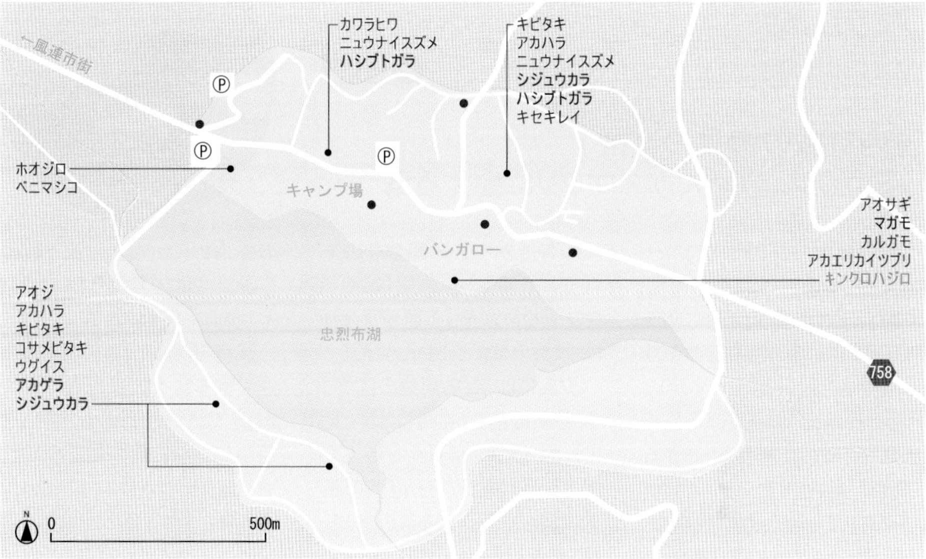

●トイレ　Ⓟ駐車場

忠烈布湖は山間の静かな湖水（6月上旬）

MEMO

◎林床には雪解け直後、ミズバショウやエゾノリュウキンカの群落が見られ、カタクリやニリンソウなども咲く。一方、木道のある湿地にはドイツスズランやハナショウブなどが植えられ、開花期には観光客が多く訪れる。

◎キャンプ場の周辺にはアスレチック、パークゴルフ場、テニスコートなどが整備されているものの、全体としては人工的雰囲気よりもワイルドな自然がまさったイメージがある。

◎忠烈布湖はダム施設点検のために3年ごとに水を抜く。このときにダムに放流されたコイのつかみ捕りを楽しむ「鯉まつり」が行われる。

●装備など

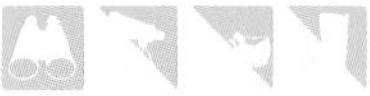

●カテゴリー

淡水ガモ類／海ガモ類／カラ類／キツツキ類／大型ツグミ類／ウグイス類／セキレイ類／ヒタキ類／小型ツグミ類／ホオジロ類／カッコウ類／サギ類　など

●アクセス情報

◎JR宗谷線風連駅下車、約10㎞。バスで約15分。バス便は少なく、車の利用が便利。

◎車の場合、道央自動車道士別剣淵ICから国道40号を風連町方面へ。東風連から道道758号経由で現地へ。士別剣淵ICから30㎞。

●探鳥会

日本野鳥の会旭川支部主催で5月ごろ行われることがある。

ウグイス

天売島

所在地：苫前郡羽幌町

国内有数の海鳥の楽園 ウミガラス、ウトウ、ケイマフリに会える島

世界最大のウトウのコロニーをはじめ、8種類の海鳥が繁殖することでその名を全国に知られる天売島。個体数は合計100万羽近くに及ぶ。周囲わずか12㎞ほどの島にこれほどの鳥と人が共存するのは驚異的。まさに〝奇跡の島〟である。

高さ100m以上もの絶壁が4㎞近くにわたって連なる島の西側のエリアが海鳥たちの繁殖場所だ。5～7月の繁殖シーズンには文字通り海鳥たちが乱舞する様子が見られる。観察には海上からが好都合なので観光船を使うのが一般的。ケイマフリ、ウトウ、そして運がよければウミガラスなどにも出会える。

夕刻には、海鳥観察の圧巻、ウトウの帰巣シーンをしっかり見てみたい。ウトウは日中を海上で過ごし、日没になると絶壁の巣穴に戻って来る。くちばしにはひなのためにたくさんの小魚をくわえているが、待ち構えるウミネコがそれを横取りする。私たち観察者など眼中になく繰り広げられるその争奪戦はまさに大自然の生命のドラマだ。ここで繁殖するウトウは60万羽ともいわれ、その数にも圧倒される。

天売島はまた、渡りの時期に立ち寄る数々の鳥たちの一大観察スポットでもある。特に3月中旬から5月中旬ごろには、ヤツガシラやカラフトムシクイなど珍鳥とされる鳥の出現もまれではない。この時期には1日に50～70種もの鳥が見られる。これまでに天売島で記録された野鳥は二百数十種を数えている。

島の西側は絶壁が延々と続き、海鳥たちの貴重な繁殖場所になっている（6月下旬）

●お目当ての鳥：ウミガラス、ケイマフリ、ウトウ　●時期：1 2 3 4 5 6 7 8 9 10 11 12

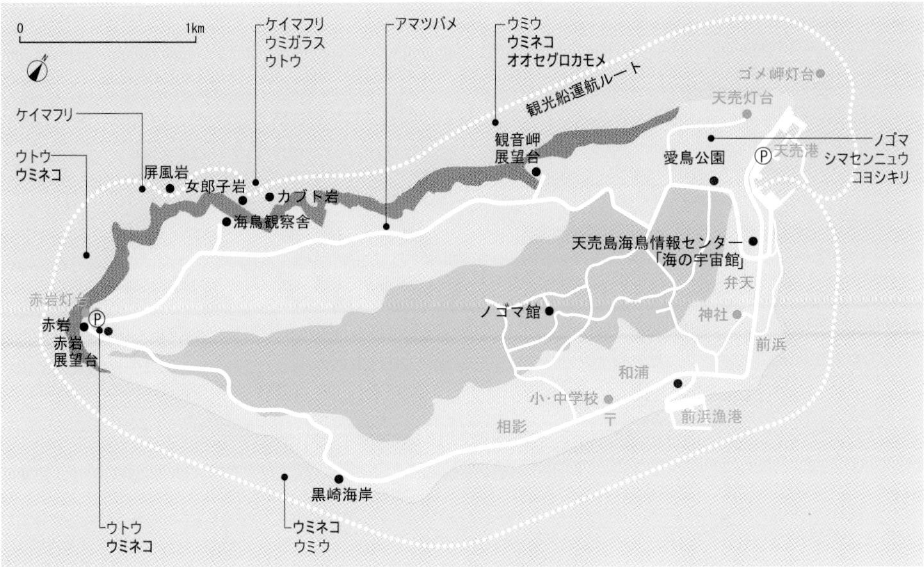

●トイレ　Ⓟ駐車場

海鳥観察舎付近（6月下旬）

●装備など

●カテゴリー

ウミスズメ類／ウ類／カモメ類／アビ類／ヒレアシシギ類／小型ツグミ類／アトリ類／ホオジロ類　など

●アクセス情報

◎札幌駅バスターミナルから沿岸バス「特急はぼろ号」（1日5往復）で3時間15分で羽幌着。羽幌沿海フェリーで90分。

◎島内の移動は車かバイク、自転車が便利。天売港にレンタカー、貸し自転車、貸しバイクがある。

●施設

天売島海鳥情報センター「海の宇宙館」（TEL 01648-3-9009）

ウトウ

MEMO

◎島の北部にある草原の小道（原野コース）ではノゴマ、コヨシキリ、シマセンニュウなど草原性の小鳥が多く繁殖している。またトラフコース、カシワコース、クロツグミコースなど森を行く遊歩道ではヒタキ類、ウグイス類、大型ツグミ類など森林性の野鳥が多い。

◎渡り途中に島に立ち寄る鳥は、島内一周道路の道沿いを含め、島じゅうのすべてが探鳥スポットといっても過言ではない。

初夏の朝、岩礁に並んだケイマフリ（6月上旬、天売島）

クッチャロ湖/ベニヤ原生花園

所在地：浜頓別町クッチャロ湖畔、頓別など

秋から春は水鳥を、夏は草原の小鳥をめでる北オホーツクの観察の名所

オホーツク海側の道北の町、浜頓別には日本最北のラムサール条約登録湿地であるクッチャロ湖と、広大な海岸草原、ベニヤ原生花園の2大野鳥観察地がある。いずれも北オホーツク道立自然公園に属する景勝地であると同時に、古くから第一級のバードウオッチングフィールドとして親しまれている場所である。

クッチャロ湖は〝白鳥の湖〟と呼ばれるだけあって春秋には2万羽のコハクチョウが翼を休める湖だ。浅い汽水湖であり水生生物も豊富なため、カモ類やアイサ類も多く、ここに集まる水鳥の総数は5万羽を超えるといわれる。さらに湖岸ではシギ類、そして一帯周辺ではミサゴや冬にかけてオオワシやオジロワシもよく観察される。湖は南側の「大沼」と北側の「小沼」に分かれており、観察の拠点は大沼の最南部近くにある水鳥観察館の周辺で、ここではカモ類やハクチョウ類が手の届きそうな近さで観察できる。

一方、ベニヤ原生花園は何といっても草原性の小鳥たちが繁殖する6～7月ごろが楽しい。ハマナスやヒオウギアヤメ、エゾカンゾウなどの花園で美しい夏羽の雄がさえずる姿は北海道ならではのもの。オオジュリン、ベニマシコ、ノビタキ、ノゴマ、コヨシキリ、シマセンニュウ、マキノセンニュウなど種類も個体数も多い。道北でしか繁殖しないツメナガセキレイも確実に見られ、20年ほど前まではシマアオジも繁殖していた。

クッチャロ湖の夕景（4月中旬）

お目当ての鳥：コハクチョウ、ツメナガセキレイ、ノゴマなど　**時期：** 1 | 2 | 3 | 4 | 5 | 6 | 7 | 8 | 9 | 10 | 11 | 12

●トイレ　Ⓟ駐車場

ベニヤ原生花園（9月上旬）

浜頓別クッチャロ湖水鳥観察館

亜種アメリカコハクチョウ

MEMO

◎クッチャロ湖では水鳥観察館前以外にもキャンプ場前やサイクリングロード沿いなどでカモ類やカイツブリなどがちらほら見られる。

◎ベニヤ原生花園の周辺では、冬季にユキホオジロやオオモズ、シロハヤブサなどが見られることがある。ただし、除雪されていないため近づけない場所が多い。

◎大沼と小沼の中間にある半島の森はクマゲラやエゾライチョウなど森林性の鳥が多数生息している（立入禁止区域）。水域、草原、森林といった多様な環境がそろったこの一帯では計290種もの鳥が記録されている。

装備など

カテゴリー

ハクチョウ類／淡水ガモ類／海ガモ類／アイサ類／カイツブリ類／ワシタカ類／シギ類／カモメ類／小型ツグミ類／ホオジロ類／セキレイ類　など

珍しい鳥の記録

ナキハクチョウ、ヤマヒバリ、サンカノゴイ　など

アクセス情報

◎JR宗谷線音威子府駅から宗谷バスで「浜頓別バスターミナル」下車、クッチャロ湖畔まで徒歩約20分、ベニヤ原生花園まで徒歩約45分。JR宗谷線稚内駅からは宗谷バスで乗車約2時間30分。

◎車の場合、旭川から道央自動車道、国道40号、275号経由で約190km。

施設

浜頓別クッチャロ湖水鳥観察館（TEL 01634-2-2534）

探鳥会

日本野鳥の会旭川支部主催で行われることがある。

クッチャロ湖の水鳥観察は4月が最盛期だが、厳寒期にも水鳥観察館の裏手にはハクチョウ類やカモ類が見られる（1月中旬）

鳴き合うオオハクチョウ（4月中旬、クッチャロ湖）

ベニヤ原生花園では草原性の小鳥が多数繁殖する。
写真はコヨシキリ（7月中旬）

下サロベツ

所在地：天塩郡幌延町下沼

アカエリカイツブリが繁殖する沼 猛禽類も楽しめる草原の野鳥観察地

日本を代表する大湿原地帯のひとつであるサロベツ原野は南北27km、東西8kmにも及ぶ広大な地域で、そのうち北側は上サロベツ、南側は下サロベツと呼ばれる。下サロベツの中核地域はパンケ沼や長沼の周辺で、幌延ビジターセンターからパンケ沼園地まで約3kmの間を下サロベツ自然探勝路が結んでいる。探鳥コースとしてもこの探勝路を中心に楽しみ、また車で周辺を走りながらもいろいろな鳥の姿を車窓から見ることができる。

最も多くの鳥が楽しめる季節は初夏。5月後半から7月前半までがピークだ。ビジターセンターを拠点に、長沼を右手に見ながら下サロベツ自然探勝路の木道を歩けば、コヨシキリ、マキノセンニュウ、エゾセンニュウ、ノゴマ、ノビタキ、ベニマシコなどのさえずりが絶え間なく聞こえ、姿も頻繁に見ることができる。今や道北でしか見られなくなった絶滅危惧(きぐ)種シマアオジも観察の可能性がある。アカエリカイツブリは長沼のほか、長沼の東側にある道路沿いの沼などでも繁殖しているが、観察には望遠鏡が欲しい。

パンケ沼園地の周辺ではツメナガセキレイも繁殖し、また草原の猛禽(もうきん)チュウヒが獲物を求めて低く飛ぶ姿を見ることがある。さらに秋から春にかけてはオジロワシを上空に見る機会が多い。ただし、2019年現在、長沼の北側からパンケ沼までの区間は木道老朽化のため通行不能となっている。復旧を期待したい。

夏の下サロベツ長沼。浮巣で抱卵中のアカエリカイツブリの姿が見える（7月上旬）

●お目当ての鳥：アカエリカイツブリ、マキノセンニュウ、ツメナガセキレイなど　●時期：1 2 3 4 5 6 7 8 9 10 11 12

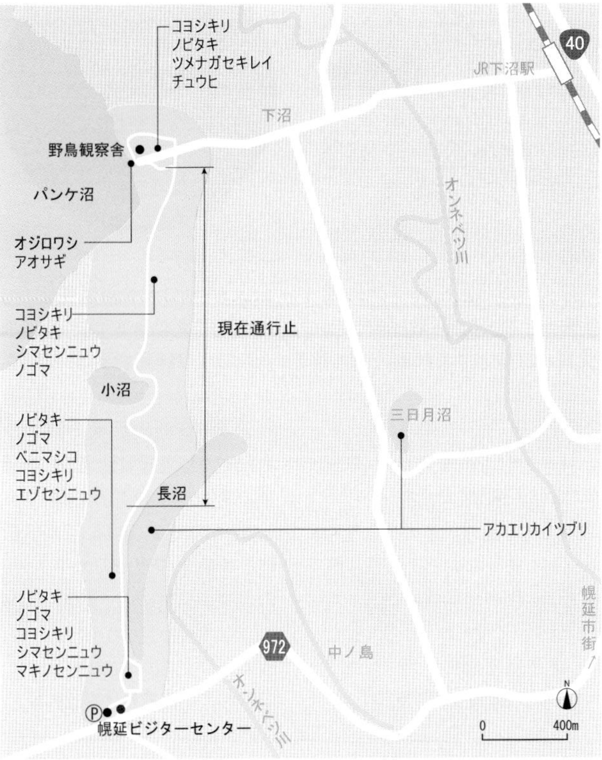

●トイレ　Ⓟ駐車場

ヤマドリゼンマイの群落を縫うように続く長沼の木道（９月上旬）

●装備など

●カテゴリー
カイツブリ類／ワシタカ類／シギ類／カモメ類／小型ツグミ類／ウグイス類／ホオジロ類／アトリ類／ツバメ類／セキレイ類／サギ類　など

●アクセス情報
◎JR宗谷線下沼駅から徒歩約40分。列車本数は少ない。
◎車の場合、幌延市街から約13km。稚内市街中心部からは道道106号（稚内天塩線）経由で幌延ビジターセンターまで約45km。

●施設
幌延ビジターセンター（TEL 01632-5-2077）

利尻富士を望むパンケ沼園地（９月上旬）

オジロワシ

MEMO

◎下サロベツ自然探勝路の木道は、ビジターセンターから約1.5kmほどが幅の広いバリアフリー区間となっており車いすでの通行が可能だ。

◎長沼から小沼にかけての木道周辺はヤマドリゼンマイのほかワタスゲ、エゾカンゾウなどが目を楽しませてくれる。秋にはヤマドリゼンマイの紅葉が見事で、またサワギキョウやホロムイリンドウ、ナガボソシロワレモコウなどが咲く。

◎サロベツ原野は平地の中間〜高層湿原として国内有数の面積を誇るが、農地開発による水位の低下が湿原の乾燥化を招き、ササ原と化したような場所が多々見られる。それでも野鳥の数は多いが、今後の野鳥生息状況が注視される。

サロベツ湿原／兜沼

所在地：天塩郡豊富町上サロベツ、兜沼

湿原にシマアオジを探す 上サロベツのバードウオッチングの拠点

上サロベツ地域での野鳥観察の中心となる場所がサロベツ湿原だ。広々とした原野の風景の中にエゾカンゾウやヒオウギアヤメなどの花々が咲き、そこに草原性の鳥たちが数多く見られる。花と鳥という自然美の競演が楽しめる素晴らしい探鳥フィールドだが、その半面、ここはサロベツ原野全体の象徴のように扱われる観光名所でもある。花の最盛期には大型観光バスがひっきりなしにやって来て、1周1㎞ほどの木道は多くの観光客でにぎわう。鳥たちの繁殖の時期はちょうど花の時期と重なっているから致し方なく、探鳥には少しでも静かな早朝の時間帯に歩くことをお勧めしたい。

コヨシキリ、ホオアカ、ベニマシコなどが繁殖し、オオジシギも数が多い。激減しているシマアオジもわずかながらここでは健在だが、観察場所は木道しかないため近くで見られることは少ない。北海道で最後に残されたシマアオジ繁殖地を大切に見守っていきたい。

一方、サロベツ原生花園から10㎞ほど北にある兜沼公園も上サロベツ地域の絶好の探鳥ポイントのひとつだ。こちらは春秋の渡り時期の水鳥の観察がおもしろい。主役はヒシクイで、ほかにコハクチョウやカモ類、アイサ類、カイツブリ類などが多数翼を休める。アカエリカイツブリの繁殖地でもあり、夏場にはヒナ連れの姿も見られるだろう。公園内には兜沼のほか中沼という沼もあり、それぞれに楽しめる。

スケール感が肌で感じられる広大な湿原を行く木道（7月上旬）

お目当ての鳥：シマアオジ、ツメナガセキレイ、ヒシクイ、ミコアイサ　**時期：** 1 | 2 | 3 | 4 | 5 | 6 | 7 | 8 | 9 | 10 | 11 | 12

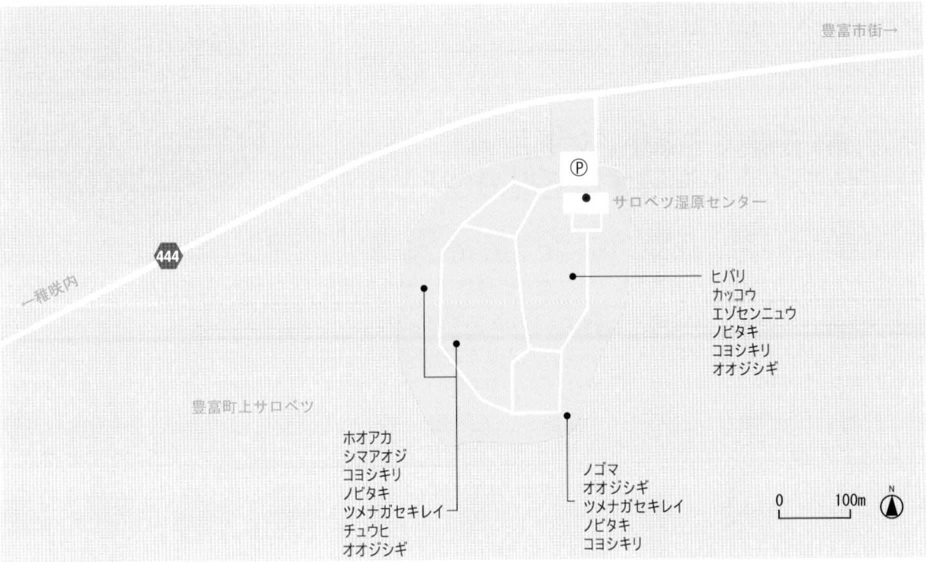

●トイレ　Ⓟ駐車場

サロベツ湿原センター

サロベツ湿原のエゾカンゾウ大群落（７月）

兜沼（９月上旬）

ノゴマ

装備など

カテゴリー

セキレイ類／ホオジロ類／小型ツグミ類／ウグイス類／ガン類／淡水ガモ類／アイサ類／ハクチョウ類　など

アクセス情報

◎サロベツ原生花園へはJR宗谷線豊富駅から沿岸バス「稚咲内第２」行きで「サロベツ原生花園」下車。兜沼公園へはJR宗谷線兜沼駅から徒歩約20分。

◎車の場合、稚内市街中心部から約20分。豊富駅周辺からも約20分。

探鳥会

日本野鳥の会道北支部などの主催で行われる。

施設

サロベツ湿原センター（TEL 0162-82-3232）

MEMO

◎兜沼公園ではキャンプ場のある公園内でキツツキ類やカラ類など森林性の鳥が見られる。５月ごろならヒタキ類など夏鳥も多い。

◎兜沼公園キャンプ場から中沼へ遊歩道があり、６～７月ごろにはコヨシキリ、カッコウ、ノゴマ、ベニマシコなどが多数さえずる。中沼ではアカエリカイツブリのほかサギ類が観察しやすく、時にミサゴ、チュウヒなども現れる。

メグマ沼湿原

所在地：稚内市声問

ツメナガセキレイ

密度高く観察できる小さな湿原 草原性の小鳥を満喫する至福のひととき

稚内空港のすぐ近くにある海跡湖、メグマ沼の西側に小さな湿原がある。このメグマ沼湿原は空港とゴルフ場にはさまれながらも原生自然が残された優れた野鳥生息地であり、沼とその周辺で70種以上の野鳥が記録されている。

中でもハイライトといえるのが初夏の草原性の鳥たち。湿原内に整備された木道を６～７月に歩けば、道北ならではのツメナガセキレイをはじめコヨシキリやノビタキ、ノゴマ、オオジュリンなど草原の歌い手が勢ぞろいし、次々に現れてさえずる姿を見せてくれる。ウグイスやエゾセンニュウ、カッコウもいる。時にアマツバメが空を飛び交い、草原の猛禽（もうきん）チュウヒも現れる。シマアオジやマキノセンニュウも見られるかもしれない。立ち入ることのできる木道は全長２㎞ほどで、大きすぎず小さすぎず、１日じっくりと鳥を探すのにちょうどよい規模感だ。

沼では、夏にはアジサシが盛んにダイビングして魚を捕る場面が見られ、また秋にはカモ類たちが翼を休め、コハクチョウも飛来する。

メグマ沼から１～２㎞北の海岸線、声問から富磯にかけてのメグマ海岸も多くの草原性野鳥の生息地で、ノビタキやオオジュリン、ベニマシコなどが見られる。また春秋の渡りの時期にはキアシシギ、オオソリハシシギなどのシギ・チドリ類、晩秋から春にかけてはオオワシやオジロワシの観察地となる。冬はユキホオジロが現れることもある。

メグマ沼湿原の遊歩道の入り口付近（９月上旬）

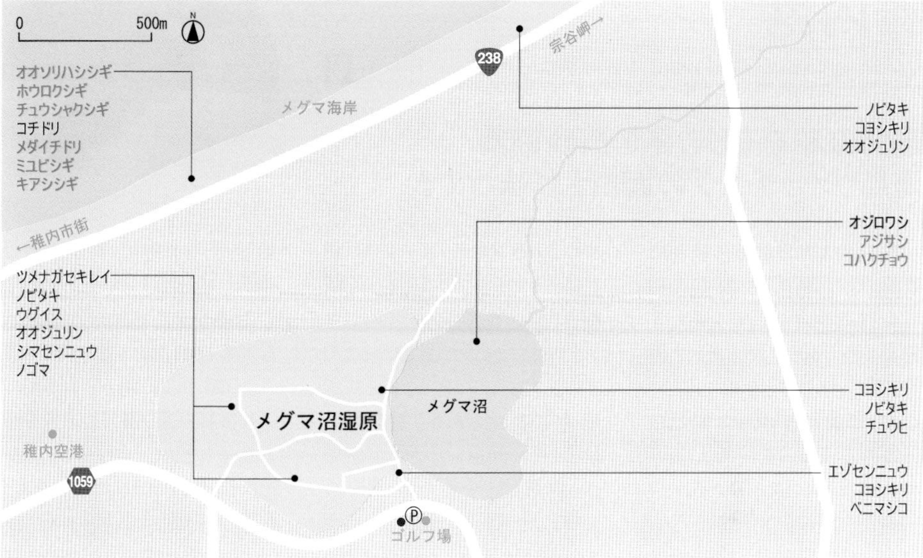

●トイレ　Ⓟ駐車場

メグマ沼湿原の木道（9月上旬）

MEMO

◎メグマ沼湿原は約77haの中・高層湿原で、エゾカンゾウ、ワタスゲ、ヒオウギアヤメなど200種を超える植物が確認されている。また、氷河期の遺存種のトカゲ、コモチカナヘビも生息するなど鳥以外の生きものにも見どころが多い。

◎花の時期にも一般観光客はそれほど多くなく、早朝なら静かな探鳥が楽しめる。ただし、木道は幅が狭く、すれ違いも困難で、混雑時には三脚を立てることもはばかられる。

◎メグマ沼湿原は花の名所として「メグマ沼原生花園」とも呼ばれる。一方、声問・富磯間の約8kmの海岸地帯をメグマ海岸といい、その海岸草原を「メグマ原生花園」と呼ぶことがあるので、両者を混同しないようにしたい。

◎メグマ海岸の増幌には、宗谷海峡の強風のために矮小化した風衝型ミズナラの大群落があり、稚内市の天然記念物に指定されている。

◎メグマ沼から4kmほど西側にある声問大沼は、春秋にコハクチョウやカモ類が多数寄留する沼として有名だ。

●装備など

●カテゴリー

小型ツグミ類／ホオジロ類／カッコウ類／ウグイス類／セキレイ類／アトリ類／アマツバメ類／ワシ類／ハクチョウ類／アジサシ類／淡水ガモ類／シギ・チドリ類／カモメ類　など

●アクセス情報

◎稚内空港ターミナルビルから徒歩約15分。

◎車の場合、稚内市街地から国道238号を稚内空港へ向かい、空港入り口を過ぎてそのまま進む。稚内市街中心部から約13km。駐車場は「メグマ沼展望休憩所」を利用。

ノビタキ

稚内港

所在地：稚内市末広、港、新末広町、新港町、開運など

ケイマフリ

最北の港で楽しむ冬の野鳥観察 海鳥ウオッチングの面白さが味わえる

稚内港は道北地方の物流の要所であり、利尻・礼文観光の拠点として大きな役割を果たす重要な港である。しかしそれと同時に、バードウオッチャーにとっては冬の海鳥観察が大変面白い場所であり、道北の人気スポットのひとつとなっている。

海ガモ類ではコオリガモ、シノリガモ、クロガモなどは冬なら必ず見られるだろう。もちろんシロカモメやオオセグロカモメなど大型カモメ類やヒメウなども常連だ。ウミスズメ類ではケイマフリやウミガラスなど、カイツブリ類ではミミカイツブリなどもよく観察されている。時にはビロードキンクロやウミバトが見つかったりするし、オジロワシやハヤブサが出没することもある。冬の海辺はこんなに面白いのかと実感できる場所だ。

フェリー乗り場になっている中央埠頭（ふとう）から天北２号埠頭までどの埠頭も同じように楽しめ、港内のどこにどんな鳥が出るかは運次第といったところか。また、少し北へ行った恵比寿の港（北船溜港（ふなだまりこう））もお勧め。北船溜港は港そのものが小さいため鳥までの距離が近く、アップで見られる可能性が高い。鳥を驚かさないよう静かに車内から観察していれば繰り返し潜水して魚を獲る様子などもじっくり見ることができる。ウミアイサは稚内港よりもこちらの方が出現頻度が高いように思う。さらに、ノシャップ岬に隣接する恵山泊漁港も観察ポイント。丹念に港を見て回るのも冬の海鳥観察の定石のひとつだ。

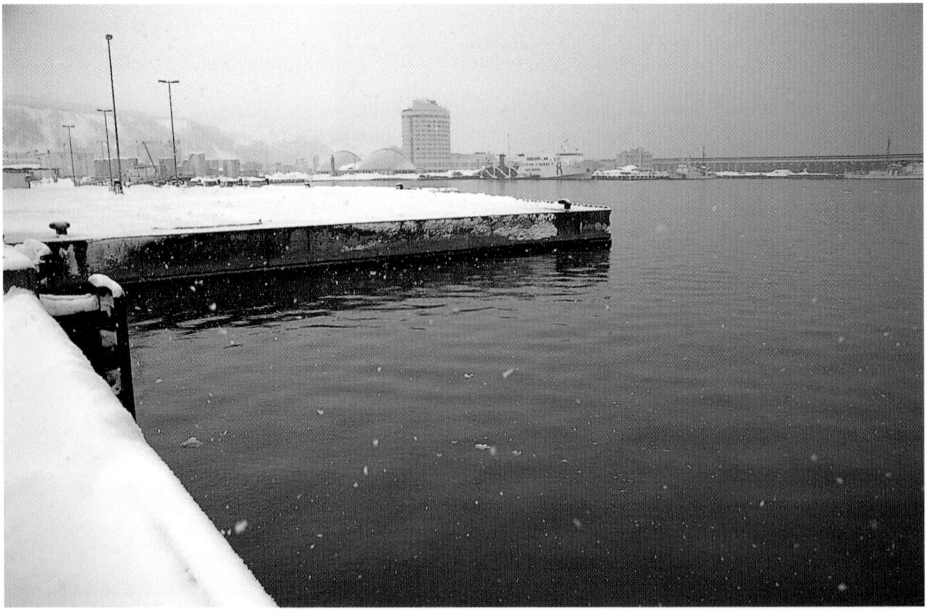
冬の稚内港フェリーターミナル付近（１月中旬）

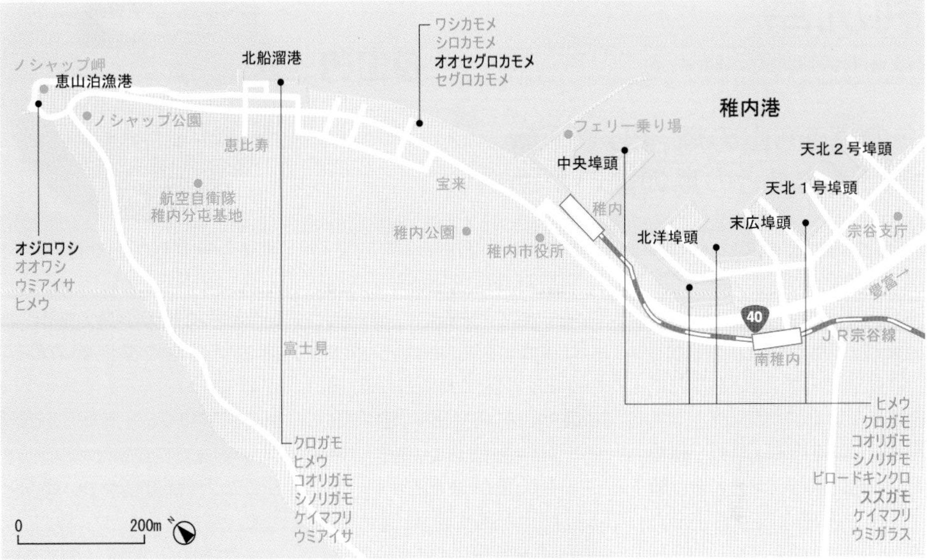

恵比寿の北船溜港（１月中旬）

MEMO

◎春先にはコオリガモの夏羽が見られる。最北の海辺ならではの見ものだ。
◎稚内港から恵比寿・北船溜港までの間の道路沿いの磯にはカモメ類が多く、楽しめる。特にシロカモメが多いほか、ヒメクビワカモメやヒメカモメの記録もある。
◎反対に東側、宗谷岬方面の海沿いも面白い。途中の声問海岸では春秋の渡りの時期にダイシャクシギやホウロクシギが見られ、ミヤコドリの記録もある。宗谷岬周辺では冬から春先にオジロワシやオオワシのほかカモ類も多い。ミヤマホオジロやホシムクドリ、ミヤマガラスも観察されている。
◎稚内市街から道道106号線で日本海側に出たあたり稚内市ルエランにある池（通称「芦沼」）では淡水ガモ類やサギ類、クイナ類などが見られる。またカイツブリが繁殖する。

●装備など

●カテゴリー
海ガモ類／ウミスズメ類／ウ類／カモメ類／アビ類／カイツブリ類／淡水ガモ類／ワシタカ類　など

●アクセス情報
◎JR宗谷線稚内駅から徒歩約５分で中央埠頭入り口。同南稚内駅から徒歩約15分で末広埠頭および天北１号埠頭。ただし、いくつもの埠頭を見てまわるには車が必要。
◎車の場合、稚内空港からは国道238号、同40号経由で約15km。名寄方面から国道40号経由。道央自動車道は士別剣淵ICまで利用できる。

●探鳥会
日本野鳥の会道北支部主催で行われる。

ワシカモメ

利尻島

所在地：利尻郡利尻町／利尻富士町

海の鳥から山の鳥、そして珍鳥 北海道本島との鳥の違いが面白い

洋上の独立峰といわれる利尻島は稚内の海岸から約20㎞沖の日本海にあり、その全体が標高1,721mの利尻山から成っている。海から富士山型の山がそびえ立つようで、したがって鳥相としては海岸線、原野、森林そして高山帯までさまざまな環境にすむ多様な鳥類が見られることが特徴だ。

森林性の鳥の観察ポイントとしては姫沼の遊歩道がおすすめだ。クマゲラに出会う確率は高く、またカモ類やウミネコが浮かぶ湖面も面白い。

利尻町森林公園から見返台園地にかけても楽しい。コマドリをはじめキビタキ、オオルリ、アカハラなどの夏鳥が見られる。旅鳥のマミジロキビタキ、オジロビタキなどにも注目だ。時期は４～５月の葉が繁る前がいいだろう。体力があれば、見返台からさらに上を目指して利尻山の８合目付近にあたる三眺山までの登山をするのもいい。ハイマツ帯でホシガラスやギンザンマシコに出会えるだろう。登山探鳥は６～７月が適期だ。

ノゴマやノビタキ、オオジュリンなど草原性の小鳥を見るには富士野園地や沓形岬の周辺がポイント。どちらもオオセグロカモメやウミウなど海鳥もじっくり見られ、また冬にはオオワシ、オジロワシが観察しやすい場所となる。

もうひとつ、雪解けのころに利尻島に毎年出現するというヤツガシラもぜひ見てみたい。道端の草地のような場所にいることが多いという。

島のどこからでも利尻山が見える（６月上旬）

●お目当ての鳥：コマドリ、クマゲラ、ヤツガシラ　●時期：1 2 3 4 5 6 7 8 9 10 11 12

●トイレ　Ⓟ駐車場

深い森に囲まれた姫沼（6月上旬）

●装備など

●カテゴリー

小型ツグミ類／キツツキ類／ヒタキ類／大型ツグミ類／セキレイ類／ホオジロ類／淡水ガモ類／カモメ類／ワシ類／アトリ類／カラス類／ヤツガシラ　など

●珍しい鳥の記録

オジロビタキ、キガシラセキレイ、オウチュウ、オガワコマドリ、シマコマ　など

●アクセス情報

◎稚内からフェリーで鴛泊まで約1時間40分。飛行機は、新千歳空港から利尻空港まで約50分。島内では島を1周する路線バス（乗降自由）があるほか4～10月には定期観光バスが運行される。

◎島内の移動は車が便利。レンタカー会社多数あり。

●探鳥会

日本野鳥の会道北支部や利尻町立博物館の主催で行われる。

見返台付近（6月上旬）

オオルリ

MEMO

◎北海道本島との違いとして、ヒヨドリが少ないこと、カラ類では圧倒的にヒガラが多いこと、オオアカゲラやヤマゲラが極端に少ないことなどが挙げられる。

◎日本海の島らしく、ヤツガシラだけでなく渡りの時期には珍鳥が記録されることが多々ある。

◎利尻島の隣、礼文島にも鳥の見どころが多いので、時間的余裕があれば訪れることをおすすめしたい。こちらは久種湖、香深井、桃岩などが探鳥スポットだ。また利尻・礼文へのフェリー航路ではハシボソミズナギドリなど多くの海洋鳥が観察でき、楽しめる。

大雪山黒岳
たいせつざんくろだけ

　旭岳と並ぶ高山性鳥類の有数の観察地。ロープウエーでは５合目、さらにリフトに乗り継げば７合目まで行くことができる。７合目から本格的な登山をしてホシガラスやカヤクグリなどを見るのもいいし、５合目から７合目までのリフト沿いを歩いてルリビタキやウソ、ヒガラなど針葉樹林の鳥を探すのもよい。エゾライチョウもよく現れる。

●上川郡上川町●ロープウエー起点の層雲峡へは旭川紋別自動車道上川層雲峡ICから約19km●層雲峡温泉の駐車場を利用●時期６～７月

浮島峠
うきしまとうげ

　大雪山系の北、上川町と滝上町の境界に位置する峠。山頂部にある浮島湿原へのアプローチとして使われている林道（旧国道）を探鳥コースとして利用する。エゾライチョウ、アカショウビン、ウソ、コマドリなどが見られ、浮島湿原の木道にはサメビタキも現れる。時期は６～７月がよいが、エゾライチョウは秋まで楽しめる。アカショウビンの繁殖地としては北限と思われる。

●上川郡上川町／紋別郡滝上町●旭川紋別自動車道浮島ICから約3.5km●浮島湿原の上川側入り口に駐車場とトイレあり●時期６～10月

御車沢林道
おぐるまさわりんどう

　名寄の名峰、ピヤシリ山（987m）の登山道に通じる林道。林道入り口から標高が上がるにつれて出現する鳥種が変化するのがおもしろい。キビタキ、オオルリがいつしかコマドリなどに変わり、さらにウソが増えてくるといった具合。林道にはゲートがあるが、探鳥時期には山菜採りの人が多数入山するため施錠されていないことが多い。

●上川郡下川町珊瑠●下川町市街中心部から約14km、サンル牧場の北側●上川北部森林管理所で入林届を出して入林する●駐車場なし●トイレなし●時期５～７月

智恵文沼
ちえぶんぬま

　名寄市街地の北に位置する天塩川の三日月湖（河跡湖）。春秋の渡りの時期に淡水ガモ類やアイサ類、カイツブリ類、ハクチョウ類、サギ類など水鳥が多い。アオサギは特に個体数が多い。ヒシが生えているためヒシクイも立ち寄ることがあるはず（筆者は未確認）だ。春先の融雪期にはオジロワシも姿を現し、また沼にはコイやヘラブナが多いため、それらをねらうミサゴもよく見かける。

●名寄市智恵文●名寄バイパス・智恵文ICから約５km●駐車場あり●トイレなし●時期４～６、10～11月

啓明
けいめい

　遠別町市街地の北側に位置する酪農地帯の海岸草原で、ツメナガセキレイやノビタキ、オオジュリン、ノゴマ、イソシギ、コチドリなどが繁殖する。市街地南側の金浦原生花園とともに札幌から最も近いツメナガセキレイの繁殖地といえるだろう。ただ近年は周囲の牧草地の整備に伴いツメナガセキレイの個体数が減っているようで、心配な状況ではある。秋にシギ・チドリ類も観察される。

●天塩郡遠別町●羽幌市街地から約45km、遠別市街地の北側●駐車場なし●トイレなし●時期６～７月

第3章 道東 十勝・釧路・根室・オホーツク

コクガン（12月中旬、野付半島）

帯広川

所在地：帯広市東３条～東15条／中川郡幕別町

アメリカヒドリ

秋から春は、水鳥の楽園
夏は、草原の小鳥たちの貴重な繁殖地

帯広市内を横断するように流れる帯広川は、オオハクチョウやカモ類など水鳥に親しめる場所として一般市民にもなじみ深い川である。国道38号に架かる鎮橋から下流側は河川改修で直線化されているものの、餌付けによって鳥たちが安心して集まる都市の中の水鳥の楽園といった雰囲気がある。この辺りで見られるカモ類は淡水ガモ類が中心で、マガモ、オナガガモ、コガモに加えてカルガモが多い。ハクチョウ類では2005年にナキハクチョウが出現したことが帯広川の名が全国的に知られるきっかけとなった。

カモ類が多いのは「銀輪橋」から札内川との合流点までの間の約１kmで、ここがメインの観察ポイントとなる。時期は、最も鳥が多くなる春秋の渡りの季節が最適だ。キンクロハジロ、コガモ、カワアイサ、ヨシガモ、ヒドリガモ、ミコアイサなどが常連で、アメリカヒドリも毎年現れる。ナキハクチョウやクビワキンクロといった数少ない鳥も記録されている。カモ科以外の鳥ではカイツブリやアオサギなどもよく見られる。

帯広川と札内川の合流点から十勝川にかけての河川敷の草原はコヨシキリ、ノビタキ、ノゴマ、シマセンニュウなど草原性の鳥たちが繁殖する場所となっている。

このほか河畔林で見られる森林性の鳥を含め、鎮橋から札内川・十勝川合流点までのエリアではこれまで110種余の鳥が記録されている。

帯広川下流部。直線化されているが、鳥の姿は多い（８月上旬）

●お目当ての鳥：ミコアイサ、オカヨシガモ、イカルチドリ、アメリカヒドリ　●時期：1 2 3 4 5 6 7 8 9 10 11 12

●トイレ　Ⓟ駐車場

帯広神社の裏手付近はこんなに水鳥が集まる（2月上旬）

MEMO

◎札内川との合流点から上流に向け、直線化された区間に沿って川の北側が公園になっている。ここを川沿いに進めば帯広川の川面を見下ろす形になり、鳥が観察しやすい（車の通行可）。

◎近年、札内川の北、十勝川との間の草原には治水対策として新しい水路が設けられた。そこにはタンチョウやシギ・チドリ類が飛来するので、併せて観察してみるのもよい。冬はオジロワシなどの猛禽やミソサザイなども見られる。また、付近ではイカルチドリの目撃例が多い。

◎鎮橋近くにある帯広神社は境内の森に野鳥やエゾリスなどが生息している。ハイタカが繁殖したこともある。

◎帯広川は、かつて下流部がいくつもの流れに分かれていたため、アイヌ語で「いく筋にも裂けるもの」を意味するオ・ペレペレ・ケプと呼ばれていた。これが「帯広」の語源になったと伝えられている。

●装備など

●カテゴリー

淡水ガモ類／アイサ類／カイツブリ類／サギ類／シギ・チドリ類／カワセミ類／小型ツグミ類　など

●珍しい鳥の記録

ナキハクチョウ、クビワキンクロ

●アクセス情報

◎JR根室線帯広駅前から十勝バス「環状みなみ廻り」「柏葉高・総合振興局線」で「帯広神社前」下車、徒歩約5分で鎮橋。札内川親水公園へはそこから約3㎞。

◎車の場合、国道38号を帯広神社または帯広柏葉高校付近で左折。

●探鳥会

日本野鳥の会十勝支部主催で2月に行われる。

ミコアイサ

千代田新水路

所在地：中川郡幕別町／中川郡池田町／河東郡音更町

オオワシ、オジロワシの新名所 タンチョウも見られる十勝川中流の水辺

十勝川の中流にある千代田堰堤（えんてい）は遡上（そじょう）するサケの捕獲場として有名だ。しかし、この堰堤は1935年に設置された古い固定堰（せき）であり、川底が高く、洪水時のスムーズな流れを阻害する恐れが指摘されていた。そのため十勝川の洪水対策として新しく設けられたのが千代田新水路である。

2007年に開通したこの新水路にはいくつかの方式の魚道が設けられており、サケがたくさん遡上する。通常は水量が少なくサケの姿が確認しやすいためオオワシ、オジロワシが集まるようになった。12月ごろには30〜50羽ものワシがひしめく新しい〝ワシの名所〟になっており、ピーク時には１日100羽ものワシが見られる。ワシ以外にも冬には海ガモ類、アイサ類、ハクチョウ類、カモメ類などが、また春秋にはアジサシや淡水を好むシギ類などがよく観察される。

さらに、十勝川の対岸には森や草原など多様な環境を備えた十勝エコロジーパークが隣接しており、陸鳥も含めた多種多様な鳥が生息する新しい一大探鳥エリアがここに誕生したといえそうだ。実際、エコロジーパーク内で繁殖するタンチョウが新水路に姿を現すことがあることからもわかるように、鳥たちはこのエリアを自由に行き来しているはずだ。千代田堰堤のある十勝川本流を含め、この一帯でこれまでに確認された鳥はじつに150種を超えている。オオハクチョウやカモ類が集まる十勝川温泉と併せて楽しめる。

幕別側から見た冬の千代田新水路（２月上旬）

●トイレ Ⓟ駐車場

分流堰の上は橋になっている（2月上旬）

ヒドリガモ

十勝ネイチャーセンター

●装備など

●カテゴリー

ワシ類／ツル類／淡水ガモ類／アイサ類／海ガモ類／カイツブリ類／タカ類／シギ・チドリ類／カモメ類

●アクセス情報

◎JR根室線帯広駅前から十勝バス「幕別線」「帯広陸別線」で「幕別19号」下車、徒歩約20分で管理棟。

◎車の場合、帯広市街中心部から国道38号経由で釧路方向へ約15km。

●施設

十勝ネイチャーセンター（TEL 0155-32-6116）

十勝エコロジーパークビジターセンター（TEL 0155-32-6780）

●探鳥会

日本野鳥の会十勝支部の主催で行われる。

MEMO

◎新水路の管理棟にはワシや水鳥観察のために望遠鏡や双眼鏡が設置されている。トイレもあるので、厳寒期のワシ観察には管理棟を拠点にするのもよい。

◎ワシ類は3月ごろまで見られるが、ワシにとっては遡上するサケが目的であるため、数が多いのは12月から1月まで。

◎十勝エコロジーパークの西側にはハクチョウ類カモ類への餌付け場所として有名な十勝川温泉がある。生態系への影響を考慮して野鳥への餌付けは自粛されてはいるが、冬には観光客の個人的な餌やりを求める水鳥が集まっている。

新水路のほとりに舞い降りたオオワシ（２月上旬、千代田新水路）

豊北トイトッキ

所在地：十勝郡浦幌町トイトッキ／中川郡豊頃町大津

ヒシクイ（亜種オオヒシクイ）

ハクガンが定着した広大な大地 ワシタカ類や珍鳥の出現も期待できる場所

十勝川と浦幌十勝川の下流部はかつては広大な湿地帯だったが、大規模な河川改修や農耕地化によって湿地の自然は多くが失われた。それでも河跡湖や海岸近くの沼や原生花園にはその面影が残され、広々とした農地も含め多くの鳥たちが翼を休めたり繁殖したりする場所となっている。

このエリアを代表する河跡湖である三日月沼は1999（平成11）年に銃猟禁止とされ、それ以降多くの水鳥が安心して利用する場所となった。ヒシクイやマガン、そしてシジュウカラガンやハクガンなどの水鳥が秋は9月から11月下旬まで、春は3～4月に見られる。周辺の農耕地、牧草地ではヒシクイやタンチョウが採食し、草地の水たまりなどでは春秋にムナグロやヒバリシギ、ウズラシギ、クサシギなど淡水を好むシギ・チドリ類のほか、タヒバリも多い。さらに秋から冬にはノスリやケアシノスリ、ハイイロチュウヒ、チョウゲンボウ、オジロワシなどの猛禽（もうきん）類も現れ、興味深い。

三日月沼から南東の海岸近くにはトイトッキ浜、トイトッキ沼があり、渡りの時期を中心に淡水ガモ類や海ガモ類、アイサ類そしてカモメ類などでにぎわう。沼から海岸の干潟にかけてはシギ・チドリ類も多く、ウズラシギ、サルハマシギ、キリアイ、ツルシギ、タカブシギ、セイタカシギなどが記録されている。沼周辺ではタンチョウが繁殖するほか、原生花園となっている草原では草原性の小鳥が多数繁殖する。

十勝川の河口付近から見るトイトッキ沼（10月上旬）

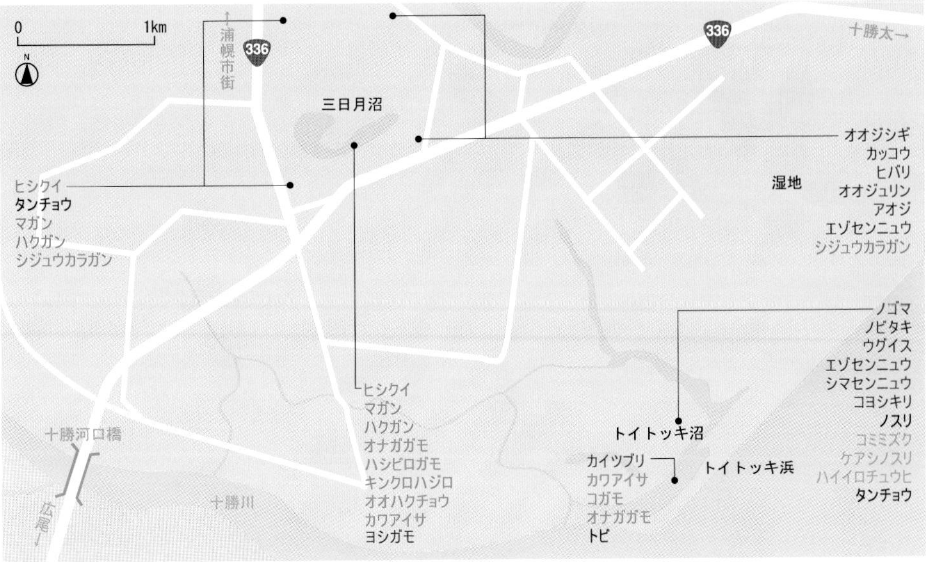

ハマナス咲く夏の豊北原生花園（7月中旬）

MEMO

◎三日月沼のガン類はヒシクイ（亜種オオヒシクイ）やマガンのほかシジュウカラガン、カリガネ、サカツラガン、コクガンの記録もある。ハクガンは年々数が増え、近年は1000羽もが観察されるまでになった。
◎三日月沼ではアカエリカイツブリ、ヨシガモ、タンチョウなどが繁殖する。また、時期によってダイサギ、コサギ、アカエリヒレアシシギ、ハジロカイツブリなどが訪れることがある。ただし、残念ながら沼への道路はなく、湖畔に近づくことはできない。200mほど離れた国道からの観察となる。
◎まれな鳥としてシロハヤブサ、オオモズ、ヤツガシラ、ギンムクドリ、クロハラアジサシ、ツバメチドリ、ズグロカモメ、コモンシギ、カナダヅルなどの記録がある。また北海道では少ないタゲリも記録されている。
◎このエリアが十勝地方のタンチョウ繁殖地の中心で、非繁殖期には浦幌町、豊頃町など周囲の農耕地でその姿を頻繁に見ることができる。

●装備など

●カテゴリー

ガン類／淡水ガモ類／アイサ類／海ガモ類／サギ類／カイツブリ類／ワシタカ類／ハヤブサ類／ホオジロ類／ウグイス類／小型ツグミ類／セキレイ類　など

●珍しい鳥の記録

ツバメチドリ、カナダヅルなど（詳細はMEMO欄）

●アクセス情報

◎車の場合、浦幌市街地から国道38号、同336号経由で三日月沼まで約11㎞。トイトッキ浜まではそこから約3㎞。なお、公共交通機関はない。トイトッキ浜は砂浜主体のため4輪駆動車が無難。
◎車での所要時間は、帯広市街中心部から約1時間。道東自動車道池田ICからも約1時間。道東自動車道は浦幌ICより池田ICが近い。

●探鳥会

浦幌野鳥倶楽部の主催で行われる。また、日本野鳥の会十勝支部主催で行われる。

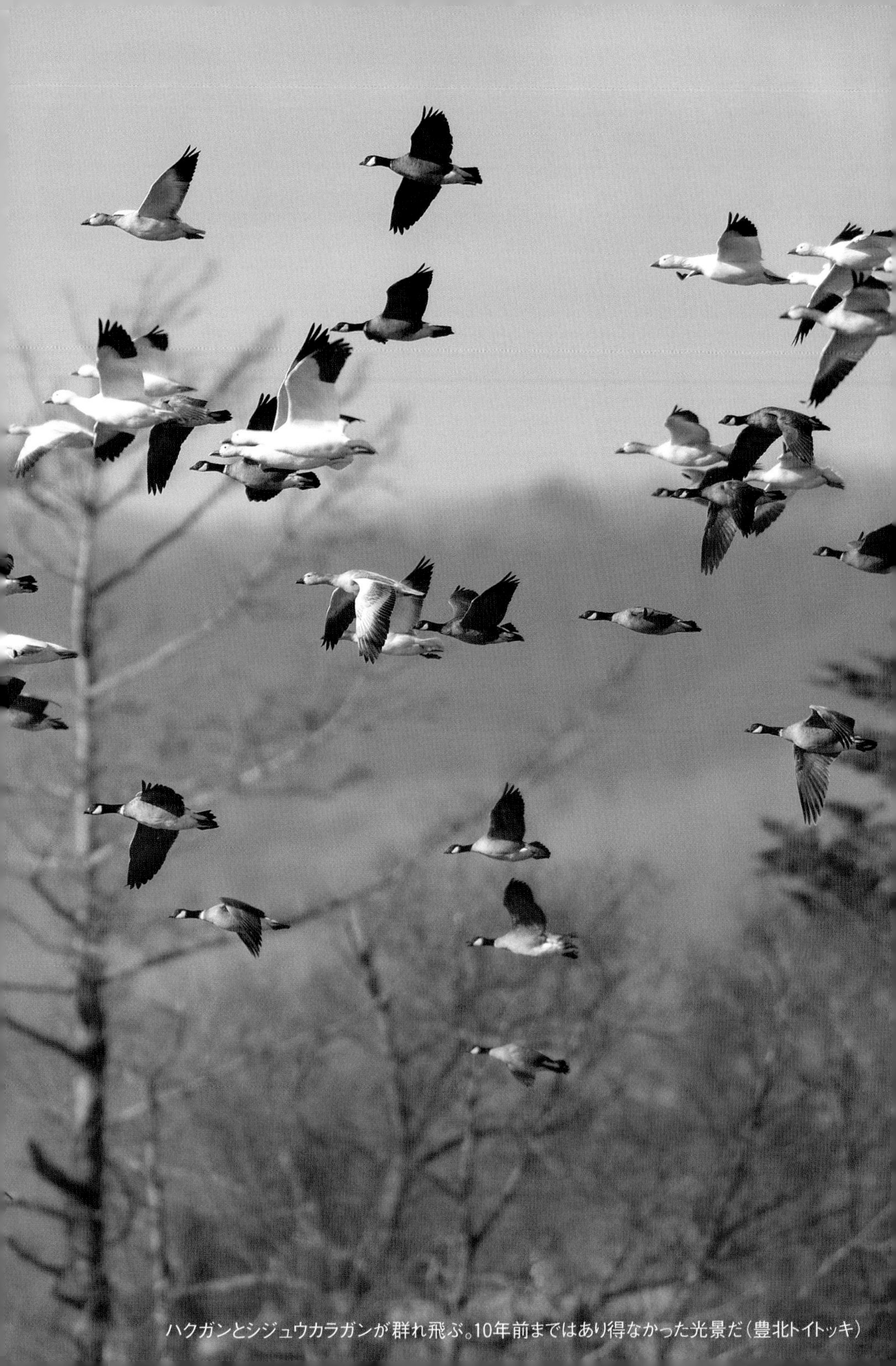
ハクガンとシジュウカラガンが群れ飛ぶ。10年前まではあり得なかった光景だ（豊北トイトッキ）

湧洞沼

所在地：中川郡豊頃町湧洞

シマセンニュウ

原始の面影を残す沼と湿原、そして草原
まさに野鳥たちの楽園

湧洞沼は周囲18㎞ほどもある海跡湖である。沼というより湖と呼んだ方がしっくり来るかもしれない。北側は湿原で、夏にはチュウヒやタンチョウなどが繁殖する。この低層湿原から沼に至るエリアは陸域と水域の入り交じった美しい風景が素晴らしく、その原始の面影を沼へのアプローチとなる東側の道路から垣間見ることができる。春秋にはたくさんのカモ類が翼を休める様子や、夏には魚をねらうアオサギが見えるが、残念ながら近づくことはできず近い場所でも100m以上あるが、道路から望遠鏡で様子をうかがえばヒドリガモやマガモ、コガモなどの姿が確認できる。淡水ガモ類だけでなくホシハジロやキンクロハジロといった潜水採餌型のカモ類もいる。

しかし、ここでの探鳥のメインスポットは沼の南東側、海と沼を隔てる砂丘上の原生花園である。時期は6～7月がベスト。ハマナスやエゾカンゾウなどが咲き競う中で子育てをするノビタキ、ノゴマ、シマセンニュウ、コヨシキリ、オオジュリンなど草原性の小鳥たちが高密度で生息している。オオジシギも多い。こちらは原生花園の真ん中を道路が走っているため鳥までの距離が近く、さえずる雄の姿を肉眼でもじっくり観察することができる。かつてはシマアオジも見られた。

海岸では夏場でもオオセグロカモメなどのカモメ類が見られ、さらにアビ類が見られることもあり、あなどれない。

右手が湧洞沼、左手は太平洋（8月上旬）

●**お目当ての鳥：**ノビタキ、ノゴマ、シマセンニュウ、アオサギ、タンチョウなど　●**時期：**1 | 2 | 3 | 4 | 5 | 6 | 7 | 8 | 9 | 10 | 11 | 12

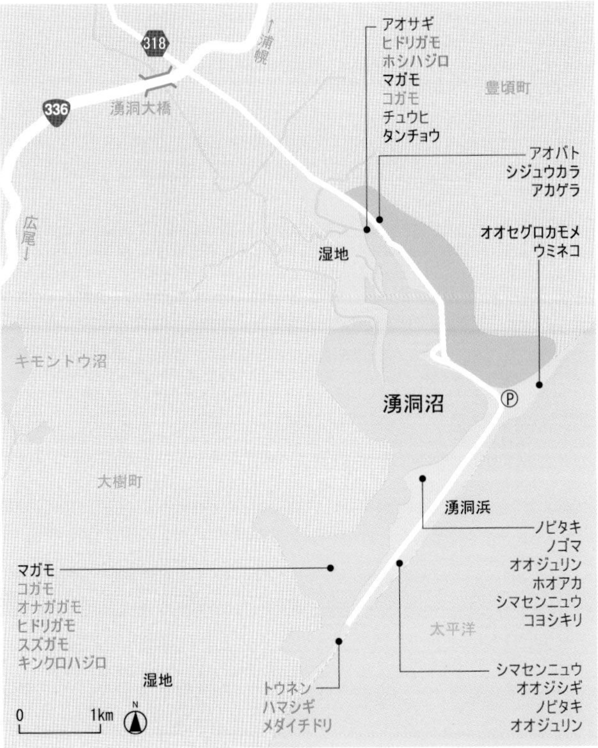

Ⓟ駐車場

晩秋の湧洞沼（11月上旬）

●**装備など**

●**カテゴリー**

小型ツグミ類／ウグイス類／カッコウ類／ホオジロ類／アトリ類／ハト類／淡水ガモ類／アイサ類／海ガモ類／サギ類／ワシタカ類／クイナ類／カモメ類／ツル類　など

●**アクセス情報**

◎JR根室線帯広駅から国道38号、同336号経由で約50km。公共交通機関はなく、車の利用となる。

沼の南東側は湧洞沼原生花園になっている（8月上旬）

オオセグロカモメ

ノゴマ

MEMO

◎8～9月ごろにはトウネン、ハマシギ、メダイチドリなどのシギ・チドリ類も見られる。
◎沼でカワアイサやバンが繁殖する。アカエリカイツブリが繁殖する年もあるが、水域までは遠いので、いずれも観察には望遠鏡が必要。
◎沼の東側は森になっているため、カラ類やキツツキ類など森林性の鳥も観察される。アオバトは森から沼へ飛来し湖岸で水を飲む姿が見られる。
◎国道336号から沼へ入る道にはゲートがあり、冬季は閉鎖され車で立ち入ることはできなくなる。

湧洞沼の湿原にはアオサギが多い（8月上旬）

湧洞沼原生花園で繁殖するノビタキ（６月下旬）

派手なディスプレイフライトを見せてくれるオオジシギ（６月下旬、湧洞沼）

阿寒タンチョウ観察センター

所在地：釧路市阿寒町

タンチョウ

タンチョウとオジロワシの争いも見られる冬の道東観光の拠点のひとつ

北海道を代表する鳥のひとつ、タンチョウの観察地としてあまりにも有名な場所。正確には「阿寒国際ツルセンター」というタンチョウ専門の生態研究施設の分館という位置づけの大規模な給餌場であり、11月から3月までの給餌期間中は常に多数のタンチョウを見ることができる。

餌を与えられているとはいえ、ここのタンチョウたちはもちろん野生だ。かつて絶滅寸前にまで追い込まれたタンチョウを奇跡的に復活させた原動力となったのが人為的な給餌活動であることは有名だが、ここではその伝統が今も生きているわけだ。それもそのはず、元祖給餌人・山崎定次郎さんが1950（昭和25）年に世界で初めて給餌を成功させた場所がここなのだ。今は、国（環境省、農水省、国交省）のタンチョウ保護増殖事業の一環としての給餌が行われており、地元・釧路市に委託されて普及啓発の観点から一般公開されているというわけだ。

ただし、現在ではタンチョウの個体数が増え、新しい生息地への分散が必要な段階に来ていることから、環境省は阿寒だけでなく鶴居も含め給餌を段階的に縮小し、将来は全廃する方針を打ち出している。

2020年冬現在、タンチョウへの給餌はデントコーンのみで、かつて行われていた活魚の給餌は2016年末から廃止された。そのため、オジロワシやオオワシとタンチョウとの魚の争奪戦の様子は見られなくなった。

広々としたタンチョウの給餌場（2月中旬）

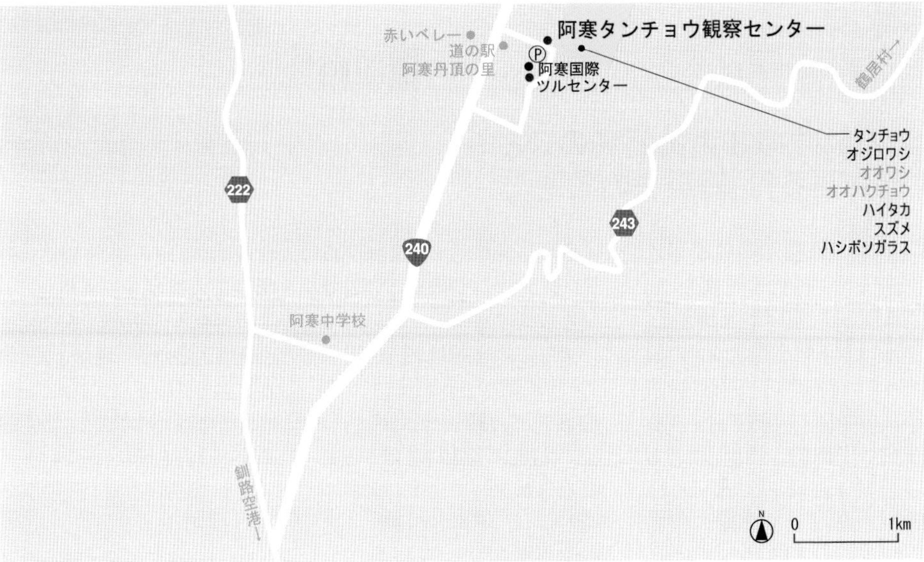

●トイレ　Ⓟ駐車場

多くの人がタンチョウを観察、撮影する（２月中旬）

装備など

カテゴリー

タンチョウ／ワシタカ類／ハクチョウ類

アクセス情報

◎JR根室線釧路駅から阿寒バス「阿寒湖温泉行き」で乗車60分「丹頂の里」下車、徒歩２分。

◎車の場合、釧路市街中心部から国道38号、同240号経由で約33km。釧路空港から約15km。

雪が積もる前からタンチョウは集まり始める（11月上旬）

阿寒タンチョウ観察センターの建物

阿寒国際ツルセンター

MEMO

◎入場には大人480円・小人250円の入場料がかかるが、室内で暖を取ることもできるし売店も利用できる。もちろんトイレもある。また入場券は隣の阿寒国際ツルセンターにも入館出来るので、併せて見学しタンチョウを堪能するのもいいだろう。

◎開館は８時30分から16時30分まで。開館時間や入場料は変更となる場合もあり、不明の際は直接センター（TEL　0154-66-4011）に問い合わせを。

◎指定された「給餌人」しかタンチョウに餌を与えることはできない。くれぐれも勝手に餌をやらないように。

◎タンチョウのダンスのような求愛行動は春先によく見られる。

鶴見台

所在地：阿寒郡鶴居村下雪裡

タンチョウ

タンチョウの３大給餌場のひとつ「鶴が居る村」鶴居村の名所

手厚い保護活動の成果によって、タンチョウは現在1,700羽ほどにまで個体数が増えた。繁殖地も十勝や道北などに広がっているものの、やはり釧路周辺ではタンチョウを目にする機会は圧倒的に多い。中でも鶴居村は全域がタンチョウ観察地といえるほどで、その村名にも納得だ。実際、タンチョウが生息することを誇りとして村名とした歴史があり、給餌活動も村内の何カ所かで伝統的に続けられている。中でもこの鶴見台は日本野鳥の会の「鶴居伊藤タンチョウサンクチュアリ」と並ぶ大規模な給餌場である。

実はこの場所は1974（昭和49）年に閉校された村立下雪裡（しもせつり）小学校の隣接地。この小学校では1962（昭和37）年から児童たちがタンチョウに給餌を行っていた。児童数の減少で閉校が決まった際、最後の３人の児童は学校がなくなればこの場所を餌場と認識しているツルたちはどうなってしまうのかと心配したという。結局、隣家の渡部義明さん・トメさん夫妻がこの場所での給餌を引き継ぎ、小学校時代から数えると50年近くも給餌活動が続く場所となり現在に至っている。今ではピーク時には300羽ものタンチョウが集結する観光名所になっている。

なお、鶴居村では給餌場のほかに音羽橋などいくつかのタンチョウ観察スポットが知られているのでそれらを巡るのも楽しい。また、秋には農耕地や牧草地に親子連れのタンチョウを随所で見ることができる。

青空をバックにタンチョウの家族群が飛ぶ（２月下旬）

●お目当ての鳥：タンチョウ　●時期：1 2 3 4 5 6 7 8 9 10 11 12

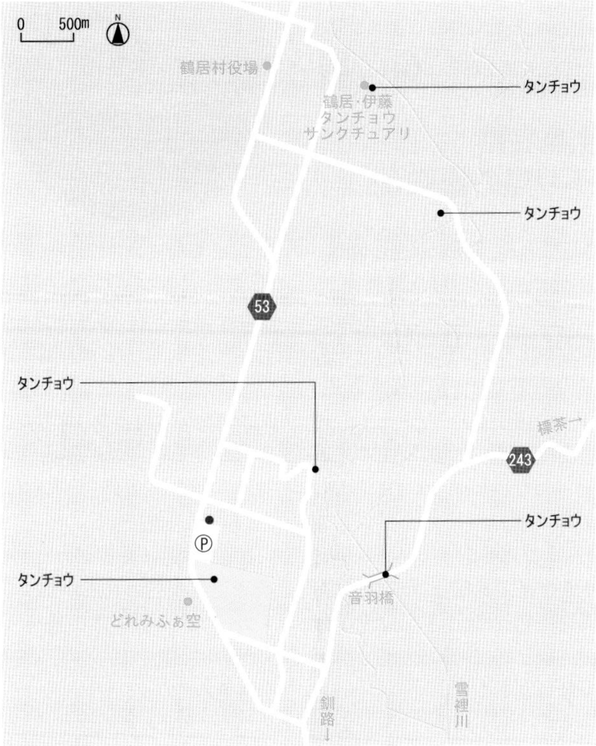

●トイレ　Ⓟ駐車場

タンチョウを観察する人々（２月中旬）

●装備など

●カテゴリー

タンチョウ

●アクセス情報

◎JR根室線釧路駅から阿寒バス「つるい保養センター行き」に乗車約50分、「鶴見台」下車。

◎車の場合、釧路市街中心部より約30分。釧路空港からは約25分。

時には数少ないクロヅルも飛来する（鶴居伊藤タンチョウサンクチュアリ）

給餌場に飛来するタンチョウの群れ（１月上旬）

MEMO

◎付近のタンチョウ観察地としては、やはり大規模給餌場の「鶴居伊藤タンチョウサンクチュアリ」や雪裡川のタンチョウのねぐらが見られる音羽橋、さらに音羽橋を高台から見下ろす丘などがある。

◎各給餌場では11月から給餌が開始されるが、給餌開始前でもタンチョウが少し集まる。

◎鶴居村のいくつかの学校では教育の一環としてタンチョウへの給餌が代々続けられている。ただし、一般には公開されていないので立ち入ることはできない。一般公開されている鶴見台とサンクチュアリを利用しよう。

◎音羽橋周辺の川沿いなどタンチョウ保護の観点から立ち入り禁止とされている場所は多い。そういう場所へは絶対に立ち入らないこと。

星が浦川河口

所在地:釧路市星が浦南

メダイチドリ

多様な環境が残された砂浜海岸 釧路周辺随一のシギ・チドリ類の観察地

釧路西港の西側に位置する砂浜海岸で、後背地の草原や川を含め多様な環境が残されている。星が浦川は市街地を流れる水路のような二級河川で、長さも3㎞ほどしかない。それでも太平洋に注ぐ河口部では大きく蛇行して干満の影響を受け、淡水と海水が入り混じり、また干潮時にはささやかながら干潟が出現する。野鳥観察者か釣り人以外は訪れる人があまりいないことも含め、市街地に隣接した水鳥の貴重な生息地となっている。東西500m、南北200mほどの小規模な探鳥地だが、多くの渡り鳥がこの場所を利用しており、特にシギ・チドリ類の観察地としては釧路周辺随一の場所だ。

春・秋には、トウネン、キアシシギ、キョウジョシギ、チュウシャクシギ、ミユビシギ、タカブシギ、コチドリ、ダイゼン、メダイチドリなどが普通に見られ、オジロトウネン、ヨーロッパトウネン、ミヤコドリ、ツルシギ、ホウロクシギなども可能性がある。

また、草原では冬にはコミミズク、コチョウゲンボウ、ハヤブサなどの猛禽、夏にはオオジュリン、ノビタキ、ヒバリ、渡り期にはタヒバリが多い。海に目を向ければカンムリカイツブリが秋から冬にかけて時に100羽以上が沖合に浮かび、ビロードキンクロやクロガモも見られる。

なお、付近は長期にわたって港湾工事が行われており、ダンプカーなど大型車両の通行が多いので、事故のないように充分注意したい。

釧路西港の西側で蛇行して太平洋に注ぐ星が浦川（9月下旬）

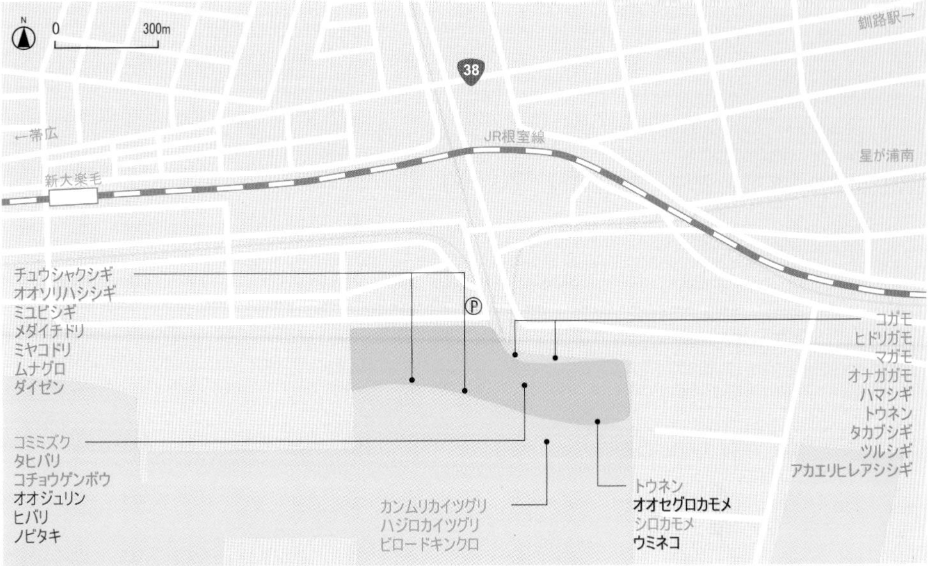

Ⓟ駐車スペース

砂浜海岸と後背の草地

タカブシギ

ツルシギ

●装備など

●カテゴリー

シギ・チドリ類／カモ類／カイツブリ類／カモメ類／タヒバリ類／ホオジロ類／小型ツグミ類／ハヤブサ類／タカ類　など

●珍しい鳥の記録

ヨーロッパトウネン、オジロトウネン、アメリカウズラシギ　など

●アクセス情報

◎車の場合、釧路市街中心部から約7㎞。道東自動車道阿寒ICから約20㎞。海岸への入り口に数台程度駐車できるスペースがあり、そこに車を止めて海岸へ降りる。

◎JR根室線「新大楽毛」駅から徒歩約20分。

MEMO

◎星が浦川河口海岸の東隣に釧路西港があり、冬の海ガモ類観察地として楽しめる。釧路港は東港区と西港区に分けられ、いわゆる西港区が釧路西港で、東西4㎞近くもある広大な敷地に4つの埠頭を擁する。冬季、車を各埠頭沿いに走らせて海ガモ類のほかアイサ類、カモメ類、アビ類などを観察することができる。

◎釧路西港の東側で太平洋に注ぐ新釧路川では、下流部から河口付近にかけてオオハクチョウやカモ類カモメ類そしてオジロワシなどが観察しやすい。また、周辺の草地にはノビタキなどが多い。

浜に降り立ったコチョウゲンボウ。鋭い眼光で獲物を探す（９月下旬、星が浦川河口）

春採公園

所在地：釧路市春湖台

ホシハジロ

市街地に残された自然湖沼
人工池とはひと味違う本格的で手軽な観察地

釧路市街地の東寄りに位置する春採湖を囲む公園。市街地によくある人工池を中心とする公園かと思いがちだが、春採湖の成り立ちは海跡湖であり、れっきとした自然湖沼である。これほどの市街地に海跡湖がある例は全国的にも珍しいが、ギンブナの突然変異型であるヒブナの生息地として国の天然記念物に指定されていることでも有名だ。

バードウオッチャーには150種以上もの野鳥が見られる場所として親しまれており、特にホシハジロの国内唯一の繁殖地として知られている。公園の周囲は住宅街だが、公園内には雑木林や湖畔のヨシ原などが自然に近い状態で残され、さらに海がごく近くにあるという多様な環境のために多くの種類が観察できるものと考えられる。

湖面に水鳥の姿が多いのは氷が解ける4月と晩秋初冬の10〜11月で、キンクロハジロ、ヒドリガモ、ホシハジロ、カワアイサ、ミコアイサなどだ。5月以降は当地で繁殖するオオバンやバン、カイツブリ、マガモそしてホシハジロが残る。ホシハジロの繁殖は毎年ではなく、最近はあまり思わしくない状況のようだ。

またそのころには湖畔のヨシ原ではコヨシキリやノビタキ、エゾセンニュウ、モズなども繁殖に忙しい。6〜7月には繁殖した水鳥たちの雛連れの姿が微笑ましく、特にオオバンは数多く繁殖していて、人を恐れず至近距離から観察できるのがうれしい。

水鳥の多い西岸近くから見た春採湖（11月上旬）

●お目当ての鳥：ホシハジロ、オオバン、ミコアイサ　●時期：1 2 3 4 5 6 7 8 9 10 11 12

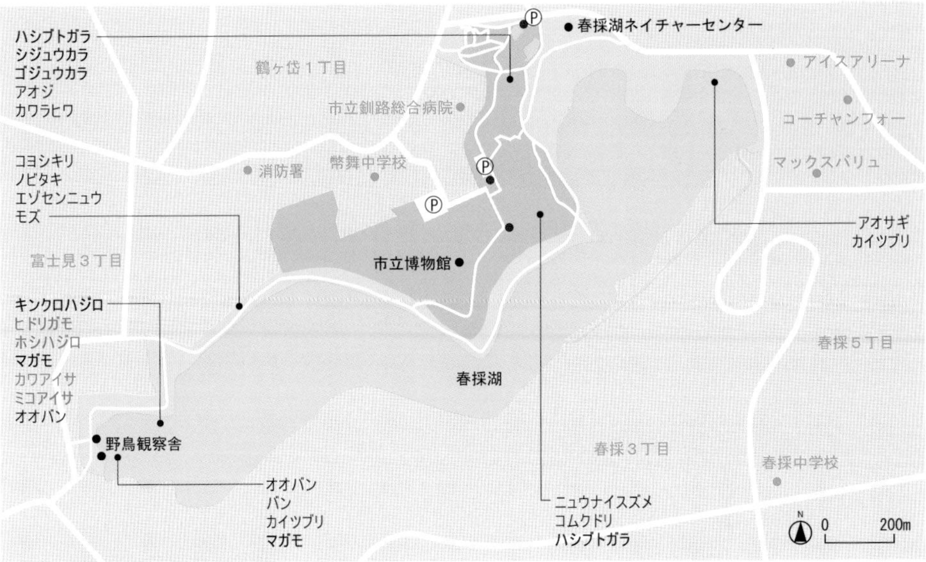

●トイレ　Ⓟ駐車場

遊歩道は所によりウッドチップ敷きや舗装路や木道などいろいろ（11月上旬）

西岸に設けられた野鳥観察舎

●装備など

●カテゴリー

海ガモ類／アイサ類／クイナ類／淡水ガモ類／カイツブリ類／カモメ類／シギ類／サギ類／アビ類／小型ツグミ類／ウグイス類／大型ツグミ類／ワシタカ類／アジサシ類／アマツバメ類　など

●珍しい鳥の記録

コグンカンドリ、セグロアジサシ、ツルクイナ

●アクセス情報

◎JR根室線釧路駅からくしろバス18系統白樺線（千代の浦経由）「白樺台」行き、または「ポスフール」行きで「千代の浦」下車、南西側湖畔まで徒歩3分。

◎釧路駅からくしろバス2系統星園高校線「第2若草団地」行き、12系統公住線「緑ヶ丘」行き、17系統白樺線（市立病院経由）「白樺台」行きなどで「市立病院」下車、湖畔、ネイチャーセンターまで徒歩5分。

◎車の場合、釧路市街中心部から国道38号、道道113号、富士見緑ヶ岡通経由。釧路駅前から約20分。

●探鳥会

日本野鳥の会釧路支部と釧路市立博物館の共催で行われる。

●施設

春採湖ネイチャーセンター（TEL 0154-42-4212）

釧路市立博物館（TEL 0154-41-5809）

MEMO

◎面積約36haの春採湖は1990年代には水質汚濁が問題となったが、大規模な浄化対策の結果現在は改善されている。

◎湖を一周する約5kmの散策コースが設けられている。場所によってウッドチップや舗装路や木道などさまざまな路面だが、概して歩きやすい。

◎西側の湖畔にはハイド形式の野鳥観察舎が整備されていて、水鳥の観察に便利。

◎公園内にはネイチャーセンターのほか博物館やアイヌ民族の砦（とりで）跡がある。さまざまな視点から見どころの多い公園となっている。

霧の中にアオサギがたたずむ（6月中旬、春採公園）

塘路湖／シラルトロ湖

所在地：川上郡標茶町塘路、茅沼、コッタロ原野

オオワシ

北海道の大自然の象徴・釧路湿原 その一隅で原生自然の魅力を垣間見る

日本最大の湿原地帯として名高い釧路湿原国立公園。原生自然の魅力に満ち、その全体がバードウオッチングフィールドともいえるが、現実問題としてあまりにも広大すぎる。ここでは、国道から近い場所で気軽に楽しめる野鳥観察エリアとして塘路湖とシラルトロ湖地域を紹介する。いずれも釧路湿原の代表的湖沼であり、タンチョウをはじめガン類やカモ類など水鳥の多い場所である。

シラルトロ湖、塘路湖とも最も楽しめるのは春秋の渡り時期の水鳥観察だ。オオハクチョウやヒシクイを筆頭に、ヨシガモやオシドリなどの淡水ガモ類、キンクロハジロやスズガモなど海ガモ類、そしてミコアイサやカイツブリなどが目立つ。ヒシクイは亜種ヒシクイに亜種オオヒシクイが交じることが多い。この周辺の湿地で繁殖するタンチョウも厳寒期以外は湖岸に姿を現す。アオサギは塘路湖畔にコロニーがあるせいか数が多く、やはり晩秋まで見られる。水鳥や魚をねらうオジロワシやオオワシの姿もまれではなく、特に春の融雪期に多い。

観察ポイントとしては塘路湖の湖尻（国道寄り）から元村にかけての一帯、釧網線をはさんだエオルト沼、シラルトロ湖キャンプ場付近などがよい。シラルトロ湖に川が注ぎ込む冷泉橋付近ではアオサギの魚捕りの様子が見られるほか、冬季にヤマセミが姿を現す。また、ここには湖側に駐車帯があり車をとめて車中からじっくり観察できる。

晩秋の塘路湖（11月上旬）

●お目当ての鳥：ヒシクイ（亜種ヒシクイ）、ヨシガモ、ミコアイサ、ヤマセミ　●時期：1 2 3 4 5 6 7 8 9 10 11 12

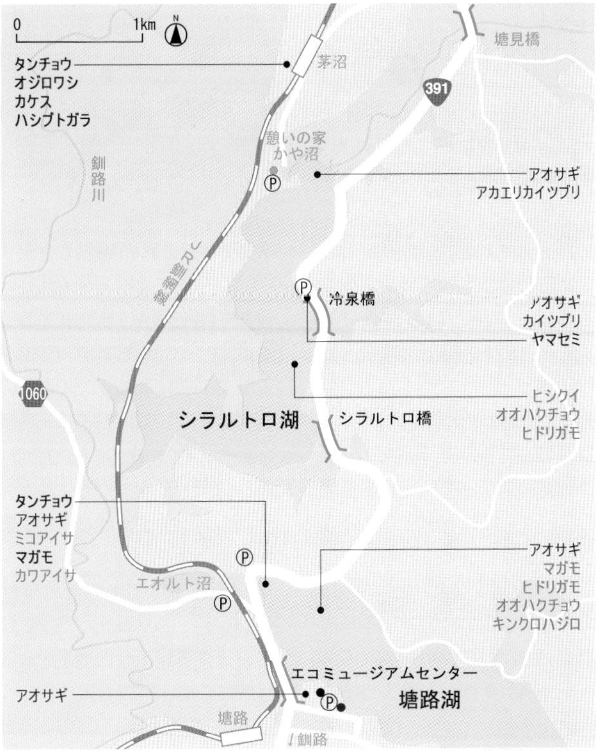

●トイレ　Ⓟ駐車場

●装備など

●カテゴリー

タンチョウ／サギ類／淡水ガモ類／カイツブリ類／海ガモ類／アイサ類／カモメ類／クイナ類／シギ類／ワシタカ類／カワセミ類　など

●アクセス情報

◎JR釧網線塘路駅から約１㎞、徒歩20分で塘路湖元村地区。

◎JR釧網線茅沼駅から約１㎞、徒歩20分でシラルトロ湖「憩いの家かや沼」。

◎車の場合、釧路市街中心部から国道391号経由で塘路湖湖尻まで約30分。シラルトロ湖のシラルトロ橋まではそこから約５分。釧路から約30㎞。釧路空港から約１時間15分。

●施設

塘路湖エコミュージアムセンター「あるこっと」（TEL 015-487-3003）

シラルトロ自然情報館（TEL 015-487-2121＝憩いの家かや沼）

タンチョウの給餌場となっている茅沼駅（11月上旬）

塘路湖エコミュージアムセンター「あるこっと」

ミコアイサ

MEMO

◎塘路湖の南側にある達古武沼も同様の水鳥観察が楽しめる。特に春秋の渡りの時期にカワアイサが多く見られる。

◎塘路湖の北西側にあるサルボ展望台、サルルン展望台周辺の林内ではカラ類やキツツキ類などが見られる。また塘路湖やエオルト沼などを見渡すことができる。

◎シラルトロ湖の観察の拠点には標茶町立の宿泊施設「憩いの家かや沼」がある茅沼温泉が便利。その下のシラルトロ湖キャンプ場からは湖岸に降りることができる。

◎茅沼駅（無人駅）はタンチョウの給餌場となっていて、いつ訪れてもつがいのタンチョウを見ることができる。また秋冬にはカケスなども見られる。

釧路町森林公園

所在地：釧路郡釧路町別保

喧騒から離れたワイルドな雰囲気
5月には夏鳥の美しい歌声が聞ける

釧路町は釧路市の東隣に位置する人口約2万人の町である。そのほぼ中央部にある町民憩いの場が釧路町森林公園で、自然林を生かした260haが公園になっている。釧路市の中心部・釧路駅から約10㎞ほどの場所である。

公園の中を東西に流れる日の出川の渓流が美しく、また林床に笹がほとんど繁っていないためか全体的に清々しさを感じる森になっている。また、公園としての整備は最小限に留められ、「ふれあい広場線」や「ツツジヶ丘線」などと名付けられた遊歩道や木道も森の風景に溶け込み、山林の散策路に近い。利用者が少ないこともあって公園とは思えないようなワイルドな雰囲気もあるので、町中の喧騒から離れてひっそりと時間を過ごしたい人にはうってつけの場所だろう。

この公園を特徴づけるのは何と言ってもコマドリで、日の出川の渓流周辺で密度高く見られる。5月頃なら公園入口から入ってすぐにあの独特なさえずりを耳にすることだろう。他に、オオルリ、キビタキ、センダイムシクイ、アカハラ、ビンズイ、エゾムシクイ、コルリなどたくさんの夏鳥が5月の森で美しい歌声を聞かせてくれる。シジュウカラ、ハシブトガラ、ヤマゲラ、アカゲラ、そしてクマゲラといった留鳥も数多い。

野鳥観察にはもちろん早朝がいいが、ここはヒグマも頻繁に出没する場所なので、充分に注意して楽しんでほしい。

公園内を流れる日の出川の清流（6中旬）

●お目当ての鳥：コマドリ、オオルリ、ミソサザイ　●時期：| 1 | 2 | 3 | 4 | 5 | 6 | 7 | 8 | 9 | 10 | 11 | 12 |

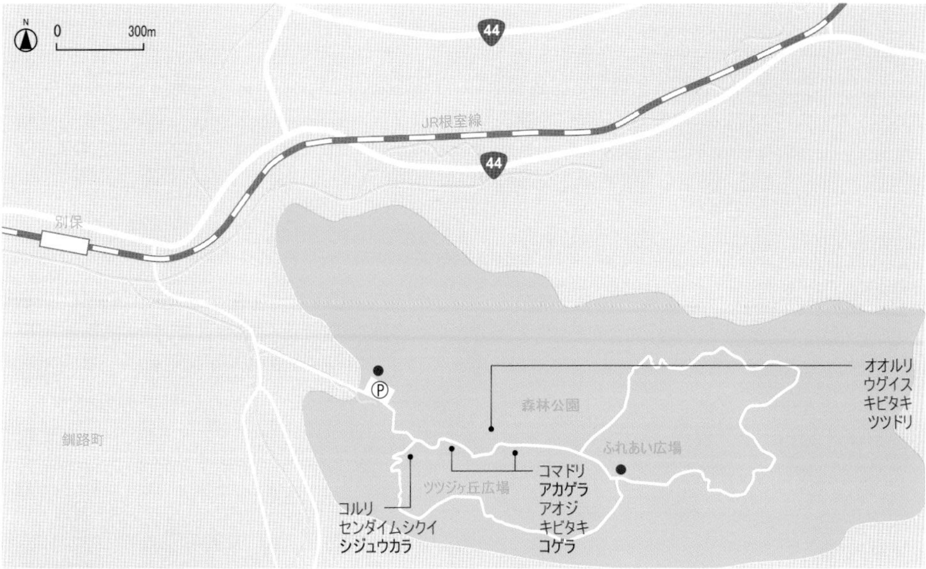

●トイレ　Ⓟ駐車場

ふれあい広場線の遊歩道（6中旬）

●装備など

●カテゴリー

小型ツグミ類/大型ツグミ類/ヒタキ類/ムシクイ類/ホオジロ類/キツツキ類/カラ類/キバシリ/ハト類/カッコウ類/セキレイ類　など

●アクセス情報

◎車の場合、釧路市街中心部から東へ約11km。国道44号を経由して約20分。

◎JR根室線別保駅から徒歩約13分。

●探鳥会

日本野鳥の会釧路支部と釧路市立博物館の主催で行われる。

オオルリ

MEMO

◎初夏のコマドリがメインの探鳥地だが、キツツキ類やシマエナガなどは秋10月頃の方が観察しやすい印象がある。

◎地元の人からは「別保森林公園」という通称で呼ばれることが多い。ただここことは別に「別保公園」という場所が約2km西側の地点にあり混同しやすいので注意が必要。釧路方面から来ると国道44号沿い左側にあるのが別保公園で、そこから少し進み「釧路町森林公園」の案内看板のある地点で右折して約800m進むと「釧路町森林公園」入り口に着く。

釧路町森林公園のシンボル・コマドリ（釧路町森林公園）

春国岱

所在地：根室市東梅

水鳥、森の鳥、草原の鳥…すべて豊富な、北海道有数の観察地のひとつ

春国岱は、風蓮湖を南東側から海と隔てている砂嘴（さし）の島だ。ここには海浜はもちろん、砂丘、干潟、草原、森林と多様な環境がそろっており、また北海道の東端近くに位置する地理的要因も重なって、非常に多くの渡り鳥が利用する場所になっている。

これまでに250種以上の鳥類が記録され、個体数も特に春秋のシギ・チドリ類やカモ類は道東随一といわれる。まるでウンカのようなシギ類の大群や湖面を覆い尽くす万単位のカモ類の存在感は、ほかではなかなか体験できないものだ。

年間を通して見どころが多いが、春から夏にかけての繁殖期は特に観察の楽しい季節だ。海岸草原ではノゴマ、オオジュリン、ノビタキなどが盛んにさえずり、木道沿いに進んでアカエゾマツなどの針葉樹林に入ればルリビタキ、ヒガラ、キクイタダキ、ミソサザイの声が染み透るように聞こえてくる。ミズナラなど広葉樹のある場所にはキビタキやアカハラなどがいる。ヤマゲラやクマゲラも現れ、湿地ではタンチョウやアカアシシギが見られる。

7月後半から9月にかけてはシギ類の渡りの姿が見られ、秋が深まるにつれてカモ類などに替わる。晩秋にはオジロワシやオオワシの姿が目立つようになり、やがてベニヒワやユキホオジロが現れる厳寒期を迎える。真冬の林内ではアトリやイスカなど、また入り口近くの干潟にはハマシギの越冬群が見られる。

湿地の向こうにアカエゾマツ林が見える（7月中旬）

● **お目当ての鳥：**クマゲラ、ルリビタキ、キクイタダキ、タンチョウ、オジロワシ ● **時期：** 1 | 2 | 3 | 4 | 5 | 6 | 7 | 8 | 9 | 10 | 11 | 12

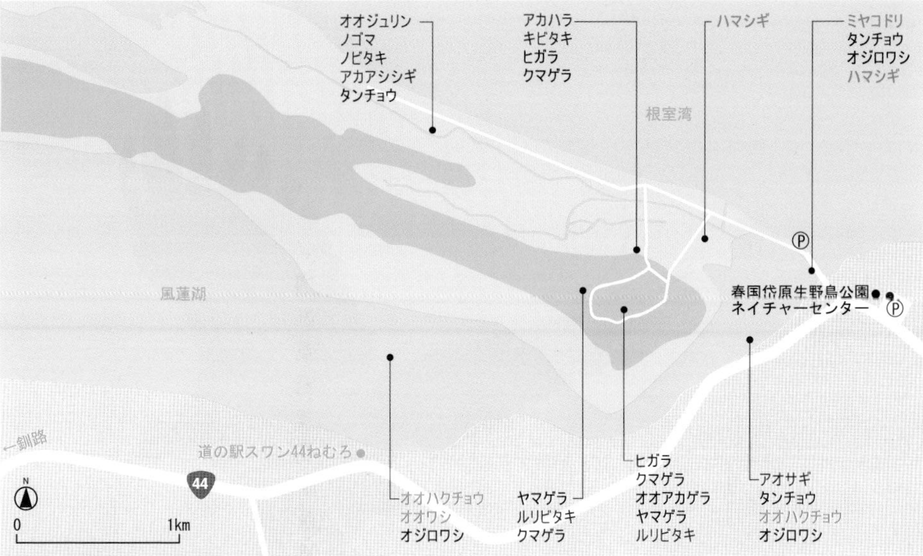

●トイレ　Ⓟ駐車場

アカエゾマツ林の内部の様子（７月下旬）

入り口付近の湿地（７月下旬）

春国岱原生野鳥公園ネイチャーセンター

ヤマゲラ

MEMO

◎砂丘上に発達したアカエゾマツ林は世界でもここ以外には１例しか知られていないという大変貴重な存在だ。

◎海抜ゼロメートルに近い平地にもかかわらず亜高山帯針葉樹林の鳥であるルリビタキが繁殖するのも非常に珍しい。これも砂丘のアカエゾマツ林あってのことだ。

◎ハマナスの群落をはじめさまざまな海浜の植物や塩性湿地の植物も見もの。またキタキツネやエゾシカも頻繁に姿を見せる。

◎道の駅「スワン44ねむろ」は道東一帯のリアルタイムでの野鳥出現情報を発信するなどバードウオッチングの拠点としての整備が進められている。

● **装備など**

● **カテゴリー**

タンチョウ／小型ツグミ類／ホオジロ類／ウグイス類／ヒタキ類／セキレイ類／大型ツグミ類／サギ類／淡水ガモ類／カモメ類／シギ・チドリ類／ワシ類／クイナ類／キツツキ類　など

● **アクセス情報**

◎JR根室線根室駅から根室交通バス「厚床行き」で「東梅ネイチャーセンター前」下車、徒歩約10分。根室中標津空港から根室交通バス「根室行き」も利用できる。

◎車の場合、国道44号経由で釧路から約100km。根室市街中心部から約15km。車は入り口の駐車場までしか入れず、徒歩での探鳥となる。

● **探鳥会**

春国岱原生野鳥公園ネイチャーセンター主催の定例探鳥会のほか、根室市などの主催で行われることがある。

● **施設**

春国岱原生野鳥公園ネイチャーセンター（TEL 01532-5-3047）

春の暖気で氷の解けた湖面を飛びながらオジロワシが魚を狙う（3月中旬、春国岱）

花咲港／花咲岬

所在地：根室市花咲港

スズガモ

太平洋に面した海鳥の観察地 港と岬、両方のおもしろさを季節ごとに楽しむ

「根室車石」で知られる花咲岬と、根室半島の太平洋側に位置する代表的漁港である花咲港は、どちらも野鳥観察にも適したおもしろい場所である。地理的には両者を一体としてとらえられる。

まず花咲港は、ほかの漁港と同様に冬の海鳥の観察地だ。冬ならいつでも見られるのがコオリガモやクロガモなどで、スズガモも多い。〝ア、アオーアー〟というコオリガモの声や、北風の音を思わせる〝ヒューヒュー〟というクロガモの声が港内に響く。どちらも特徴的な声の持ち主なので、声が聞こえればその存在にすぐ気づくだろう。ホオジロガモやシノリガモ、ウミアイサ、ヒメウなどもよく見られ、ケイマフリやウミガラスなどのウミスズメ類も入ることがある。また電柱にオオワシやノスリがとまっていたりする光景も根室では珍しくない。

一方、花咲岬は夏にはオオセグロカモメの集団繁殖地（コロニー）となり、遊歩道のすぐそばで子育てする様子が見られる。オオセグロカモメの繁殖自体は北海道では珍しくないが、その様子を至近距離でじっくり見られるのは貴重だ。車石などの景観を見に来る観光客が多い場所なので、遊歩道からの観察であれば鳥も特に警戒する様子を見せない。

また、岬であるだけに渡りの時期に思いがけない鳥が出現することがあり、例えば11月に渡り途上と思われるタヒバリやアリスイの観察例がある。珍鳥も見られるかもしれない。

花咲岬の景観（2月中旬）

●お目当ての鳥：クロガモ、コオリガモ、ヒメウ、ウミガラス　●時期：1 2 3 4 5 6 7 8 9 10 11 12

●トイレ　Ⓟ駐車場

花咲港から花咲灯台を望む（２月中旬）

オオセグロカモメのひなと親鳥（７月下旬）

コオリガモ

●装備など

●カテゴリー

海ガモ類／ウ類／ウミスズメ類／カモメ類／ワシタカ類／淡水ガモ類／アビ類／シギ・チドリ類／セキレイ類／キツツキ類　など

●珍しい鳥の記録

アカアシミツユビカモメ、ヒメクビワカモメ、アラナミキンクロ

●アクセス情報

◎JR根室線根室駅前から根室交通バス「花咲港」行きで終点下車で花咲港へ。花咲岬へは同じバスで「車石入口」下車、徒歩約20分。

◎車の場合、根室市街中心部から南方へ約５km。

MEMO

◎花咲岬周辺でもかつてはエトピリカが繁殖していた。今もチシマウガラスやエトピリカが繁殖するユルリ島、モユルリ島を岬から見ることができるが、それらの島々でもいずれも繁殖個体はごくわずかとなっている。

◎花咲岬の車石は、放射状節理で車輪のような形になった玄武岩。世界的にも珍しいものとして国の天然記念物に指定されている。

◎花咲港は根室を代表する海産物「花咲ガニ」の産地として有名。根室半島の主要漁港としてかつては日本でも五指に入る漁獲高があった。

落石/落石ネイチャークルーズ

所在地:根室市落石東

エトピリカ

船から見られるエトピリカやケイマフリ 沖合の鳥たちが身近な存在に

根室半島の付け根付近・太平洋側に位置する落石エリアは古くから有名な海鳥観察地で、かつては岬にチシマウガラスのコロニーがあった。そのコロニーが失われて久しく、落石での野鳥観察と言えば冬の漁港で海ガモ類やアイサ類、アビ類などが対象となっていた。

しかし、2010年５月から落石漁協所属の漁船を使った海鳥観察クルーズ「落石ネイチャークルーズ」が運航開始され、野鳥観察地としての落石の名をぐんとメジャーなものに押し上げた。このクルーズの成功は「野鳥観光」の機運が一気に高まるきっかけとなったばかりでなく、その波及効果は北海道全体の観光業界にまで及び、「野鳥観察」を観光素材として世間に認知させるまでになってきている。

落石ネイチャークルーズの目玉はもちろんエトピリカで、沖合のユルリ・モユルリ島周辺の繁殖地付近まで一般観光客が行けるようになった功績は大きい。エトピリカ以外にも、夏ならコアホウドリ、フルマカモメ、ハイイロミズナギドリ、ウミガラス、トウゾクカモメなど沖合ならではの鳥たちに会える。船が通年運航されていることもありがたく、冬にはウミスズメ、コウミスズメ、ウミバト、エトロフウミスズメなど港湾だけではなかなか見られない鳥を身近な存在にしてくれている。通年見られるケイマフリなどは珍しく感じられないほどだ。欧米のベテランバードウオッチャーたちの評価が高いのもうなずけるというものだ。

冬の落石漁港（２月中旬）

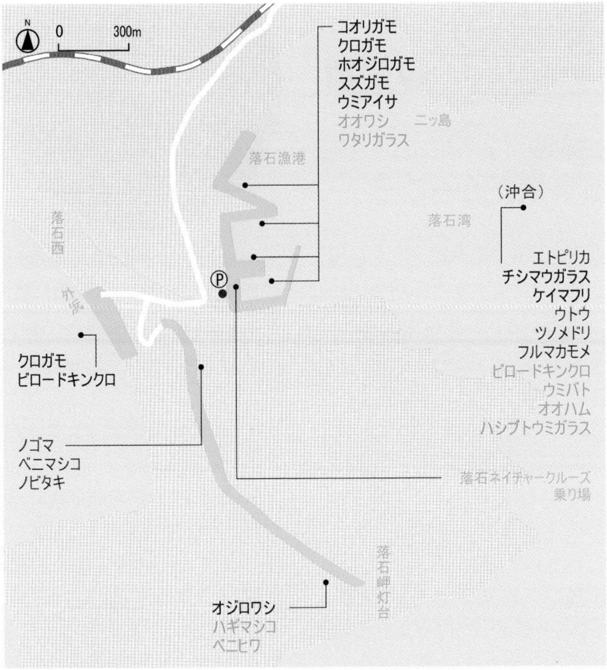

●トイレ　Ⓟ駐車場

漁船を使って運航されている落石ネイチャークルーズ

MEMO

◎乗船は完全予約制で、乗船日までに電話でエトピリ館に予約すること。また、乗船前に係員から説明があるが、当然のことながら運航に関する様々なルールは厳守。

◎各便とも最少催行人数は3名で、定員は11名。なお、船上では三脚の使用は禁止されている。また、船内にトイレはないので乗船前に必ず済ませておくこと。

●装備など

●カテゴリー

ウミスズメ類/ミズナギドリ類/トウゾクカモメ類/ウ類/アホウドリ類/カモ類/アイサ類/カモメ類/ワシ類　など

●珍しい鳥の記録

ツノメドリ/カンムリウミスズメ/アメリカウミスズメ/ワタリガラス　など

●アクセス情報

◎車の場合、根室駅から約18㎞。

◎JR根室線落石駅下車、徒歩約40分。

●乗船料（2020年1月現在）

大人8000円　小人5000円（いずれも税込）

●運行時間

第1便は午前10時・第2便は午後1時出航（入港まで各2時間30分）

夏季は早朝便も運航される

●問い合わせ先／施設

落石ネイチャークルーズ協議会（エトピリ館）TEL 0153-27-2772

ウミアイサ

ウミガラス（冬羽）

クルーズの受付場所「エトピリ館」

明治公園

所在地：根室市牧の内

根室市街地のささやかな緑地
意外なほど鳥が多いのは半島だからこそ

明治公園は根室市街地のはずれにある歴史的な都市公園だ。豊かな自然環境の残る根室半島にあって、探鳥地といえば原生自然の場がいくつも思い浮かぶ中では異彩を放つフィールドである。都市にあってもわずかな人工的緑地や水辺の環境を野鳥たちは巧みに利用していることをあらためて教えてくれる場であり、その意味で注目すべき探鳥地と言える。

日本野鳥の会根室支部が明治公園で探鳥会を初めて開催したのが2007年。「こんな場所で…？」「鳥を見るならもっといい場所がほかにあるのに」という意見が多かった中で、しっかり観察すれば意外に多くの鳥が見られることを実証するように定期的に探鳥会を実施し、記録を積み重ねてきた。その結果、2010年３月までに74種の鳥が記録されている。探鳥会では、珍鳥とはいえないまでもイスカ、キクイタダキ、アリスイなど比較的少ない鳥も複数回出現しており、またジョウビタキ、アマサギ、ツバメといった北海道では観察機会の少ない鳥も出現している。都市公園にあってもタンチョウやオオワシ、オジロワシ、シロカモメ、オオジシギなども出現しているのは根室ならではのことかもしれない。

公園は芝生や植栽された疎林といった環境のため陸鳥が多く、スズメ目が約６割と比重が高い。ただ、水鳥も小さな池でもヒシクイなども現れることに驚かされる。今後の記録の充実が期待される。

公園の北西側にある鑑賞池（10月中旬）

●お目当ての鳥：アカゲラ、エゾセンニュウ、キクイタダキ　●時期：1 2 3 4 5 6 7 8 9 10 11 12

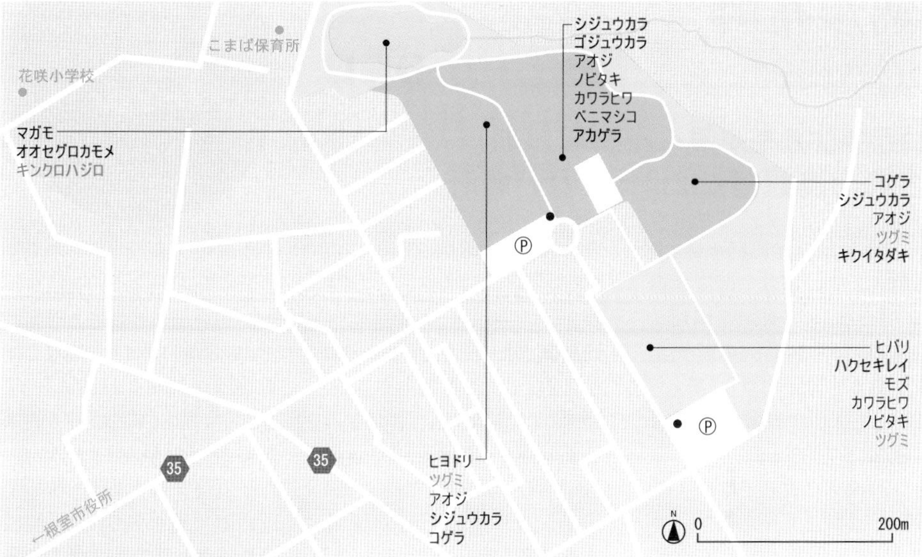

●トイレ　Ⓟ駐車場

公園内は植栽された樹木や芝生が中心（10月中旬）

ハクセキレイ

アオジ

●装備など

●カテゴリー

小型ツグミ類／大型ツグミ類／ホオジロ類／カラ類／カラス類／ヒバリ類／セキレイ類／モズ類／ハト類／キツツキ類／海ガモ類／アイサ類／淡水ガモ類　など

●アクセス情報

◎JR根室線根室駅から徒歩約15分。バス利用の場合は根室駅前から根室交通バス「納沙布線」で「明治町１丁目」下車、徒歩約５分。

◎車の場合、国道44号で根室市役所前を過ぎて直進。市役所から約１km。

●探鳥会

日本野鳥の会根室支部主催で毎月第２、第３日曜日に行われる。

MEMO

◎明治公園は、開拓使が1875（明治８）年に設立したという旧国営牧場の跡地を利用して造成された公園。北海道でも有数の歴史をもつ都市公園で、レンガ造りのサイロが保存され公園のシンボルとなっている。またチシマザクラの花見が楽しめる場として市民に親しまれている。

◎環境としては人工的な印象が強く、一見しただけでは野鳥観察に不向きなイメージがある。しかし市街地の中の緑地であることと根室半島の地理的条件によって、鳥の出現が多いものと考えられる。

納沙布岬

所在地：根室市納沙布

コケワタガモが見られる岬
冬の海鳥観察にははずせない場所

日本人が自由に行き来できる場としては、現状では日本最東端の地として有名な場所である。根室半島最大の観光地でもあるが、バードウオッチャーにとっては冬の海鳥の重要な観察地となっている。

12月から3月ごろにかけて、岬から波間を見下ろせば海ガモ類、アイサ類、ウミスズメ類、カイツブリ類、アビ類、カモメ類などたくさんの海鳥を見ることができる。クロガモやホオジロガモはもちろん、ビロードキンクロやウミスズメ、オオハム、ハシジロアビなどだ。マダラウミスズメやコウミスズメも見られる可能性がある。また、日本ではまれなコケワタガモが毎年越冬することが知られている。ただ、鳥までの距離が遠いので望遠鏡は必携だ。オオワシ、オジロワシもよく出没する。チシマウガラスが繁殖することもある。

海鳥の観察に納沙布岬を訪れた際には、岬だけでなく周辺の漁港なども見て回ると一層おもしろい。太平洋側の歯舞（はぼまい）漁港や珸瑤瑁（ごようまい）漁港、オホーツク海側の温根元漁港などが納沙布岬から近い。見られる鳥は同様だが、冬の海の鳥はその時々で出現場所が異なることがあり、種類を多く見たいなら小さな港も数多く丹念に見ることがコツだ。また、小さな港の方が、時に至近距離で鳥が見られる可能性があり、アップで見たい人や撮影のためには好都合なことが多い。歯舞漁港の場合、アラナミキンクロやヒメクビワカモメなどの記録もある。

岬の北側から納沙布岬灯台を望む（2月中旬）

●トイレ　Ⓟ駐車場

チシマウガラスのつがい。右の個体は抱卵中（6月中旬）

●装備など

●カテゴリー

海ガモ類/アイサ類/ワシタカ類/ウミスズメ類/アビ類/カイツブリ類/淡水ガモ類/カモメ類/ウ類　など

●アクセス情報

◎JR根室線根室駅前から根室交通バス「納沙布線」で終点下車。

◎車の場合、根室市街中心部から国道44号、道道35号経由で約22km。

●探鳥会

日本野鳥の会根室支部と根室市の共催で根室半島を巡る探鳥会が11月と2月に行われる。

納沙布岬のシンボル「四島のかけはし」像

歯舞漁港（2月中旬）

ホオジロガモ

MEMO

◎納沙布岬は北方領土に最も近い場所。岬から歯舞諸島の貝殻島までわずか3.7kmしかなく、天気がよければよく見える。岬は「望郷の岬公園」として整備され、北方領土返還を願うシンボル像「四島（しま）のかけはし」などがある。

◎冬季は風が強くてとにかく寒い場所。探鳥の際にはしっかりした防寒が必要。望郷の岬公園にある「北方館望郷の家」の2階には望遠鏡が設置されているので、屋内から観察するのもよい。

◎岬周辺の海にはラッコやアザラシ類、イルカなどの海棲哺乳（かいせいほにゅう）類もしばしば観察される。

◎温根元漁港沖の岩礁にはチシマシギが現れることがある。

野付半島

所在地：野付郡別海町／標津郡標津町

1年を通して魅力的な野鳥が多数見られる海と陸の生態系を結ぶ国内最大の砂嘴

野付半島は、知床半島と根室半島のほぼ中間あたりに細長く海に突き出した砂嘴である。潮の流れによって砂が堆積してできた延長約28kmにも及ぶ国内最大規模の砂の半島である。砂丘、海岸草原、塩性湿地、原生林、さらにはその立ち枯れた姿であるトドワラやナラワラといった変化に富んだ自然景観が魅力であり、また、220種以上もの鳥が記録されている国内有数の野鳥観察地である。初夏の草原性の鳥から真冬のワシ類まで年間を通して大変魅力あるバードウオッチングが楽しめる。

初夏の草原の野鳥観察はノゴマ、コヨシキリ、マキノセンニュウ、シマセンニュウ、オオジュリンなどがふんだんに見られ、初心者でも遊歩道を歩くだけで十分に楽しめる。日本で初めてここで繁殖が確認されたアカアシシギも現れる。時期は6～7月、時間帯はやはり早朝4～6時ごろがよい。観光バスが次々にやってくる朝8時ごろからは観光客が増え鳥たちも警戒するようになるので、それまでに観察を終えるのがベストだ。草原の鳥の季節の終盤、7月後半にはキアシシギやトウネンなど、早くも秋の渡りを迎えたシギ類の姿も目立つようになる。

1～2月の厳寒期もお勧めの時期で、氷原と化した野付湾にオオワシやオジロワシが集い、冬枯れの草原にはユキホオジロやベニヒワなどが群れる。対岸の尾岱沼ではオオハクチョウが多数越冬する。

湿地の向こうにミズナラ林が見える野付半島らしい風景（7月上旬）

●お目当ての鳥：コミミズク、ユキホオジロ、ベニマシコ　●時期：1 2 3 4 5 6 7 8 9 10 11 12

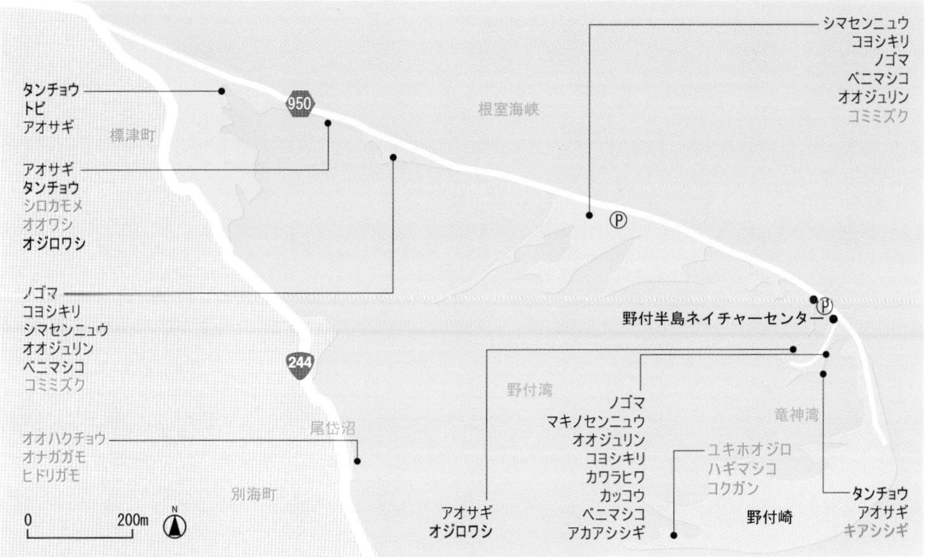

●トイレ　Ⓟ駐車場

野付半島の冬の名物といえるコミミズク（1月中旬）

MEMO

◎秋季から冬季のカモ類観察には尾岱沼のオオハクチョウ給餌場がお勧め。ホオジロガモやスズガモなどの海ガモ類、オナガガモやマガモなどの淡水ガモ類などが見られる。ヒメハジロ、コスズガモなどの記録もある。

◎野付半島一帯は多くの渡り鳥に重要な場所としてラムサール条約登録湿地となっている。中でもコクガンは野付湾に数千羽（最大5000羽）が定期的に飛来する日本最大の越冬地だ。しかし、半島側からも尾岱沼側からも距離があるため観察は難しい。

◎半島の草原は原生花園になっており、7月ごろにはハマナス、センダイハギ、エゾカンゾウ、クロユリ、ヒオウギアヤメなどのお花畑が見事な景観を作り出す。

●装備など

●カテゴリー

小型ツグミ類／ウグイス類／ホオジロ類／シギ・チドリ類／淡水ガモ類／カイツブリ類／カッコウ類／ワシ類／サギ類／タンチョウ　など

●アクセス情報

◎JR釧網線標茶駅から阿寒バス「標津バスターミナル」行きで終点下車、半島基部まで約8km。

◎根室中標津空港から車で約1時間、国道244号から半島へ入る。車はトドワラのネイチャーセンターまで乗り入れられる。

●施設

野付半島ネイチャーセンター（TEL 0153-82-1270）

オオジュリン雌

冬の小鳥ユキホオジロがハマニンニクのタネを食べる(12月中旬、野付半島)

羅臼漁港

所在地：目梨郡羅臼町

オオワシ

オオワシ、オジロワシの最大の観察地
港の海鳥も見逃せない

羅臼港はオオワシやオジロワシの観察地として全国的な知名度を誇っている。大型のワシが群れをなして流氷の上に見られる光景は北海道ならではの雄大なイメージとして観光ポスターなどにも使われるようになったが、その舞台が羅臼漁港あるいは羅臼沖である。実際、ピーク時には数百羽ものワシがスケソウダラ漁のおこぼれをねらって羅臼に集まってくる。

ところが、スケソウダラの漁獲高は長期にわたって減少しており、最盛期だった1990年ごろと比べると１割程度にまで落ち込んでいるという。ワシもそのころには2,000羽を超えていたが、漁の衰退とともに北海道各地に分散するようになり、今では羅臼だけがワシが多いという状況ではなくなった。しかし、羅臼ではワシ撮影のための観光船が複数運行されるようになり、流氷が接岸していなくても沖合に船で出かけてワシを簡単に見ることができる。また、かつて海岸近くの木の枝は「ワシのなる木」と言われたほど多数のワシが翼を休める光景が見られた。今も、少なくなったとはいえ、沢沿いや海岸近くの木に複数のワシがとまっている場面を見ることはまれではない。

ワシ以外の鳥に目を向けると、港内でシノリガモやスズガモなどの海ガモ類やウミアイサなどのアイサ類、そしてオオセグロカモメやワシカモメ、シロカモメなどのカモメ類が観察しやすい。また、港や林縁にワタリガラスを探す楽しみもある。

押し寄せた流氷にワシたちが群がる光景は羅臼ならではのもの（２月中旬）

●お目当ての鳥：オオワシ、オジロワシ、ワタリガラス　●時期：

1	2	3	4	5	6	7	8	9	10	11	12

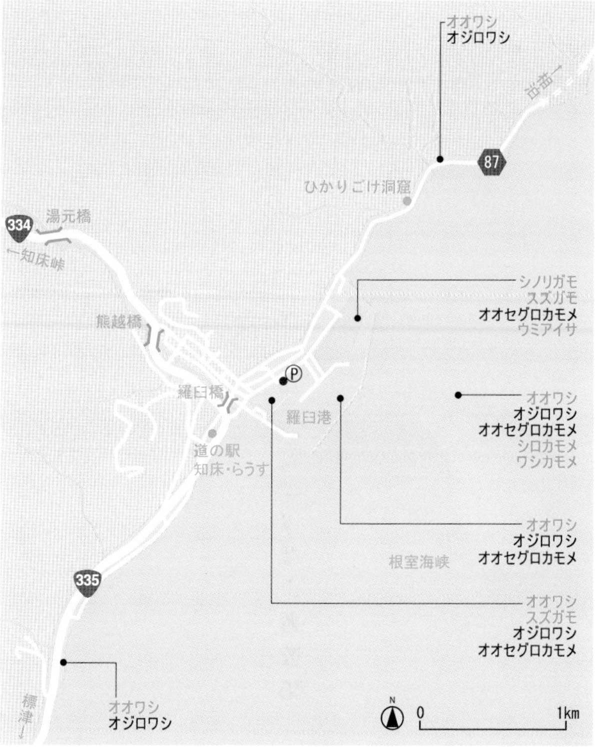

●トイレ　Ⓟ駐車場

ハスの葉氷で埋め尽くされた港内（２月中旬）

●装備など

●カテゴリー

ワシ類／海ガモ類／ウミスズメ類／ウ類／カモメ類／カイツブリ類／淡水ガモ類／アイサ類　など

●アクセス情報

◎JR根室線釧路駅前から阿寒バス「羅臼行き」で乗車約３時間30分、終点「羅臼営業所」下車、徒歩約５分。

◎車の場合、標津方面から国道335号で。斜里方面からも冬季は国道334号の知床峠は通行止めのため通れず、国道244号の根北峠経由となる。標津から約40km。

●施設

羅臼ビジターセンター（TEL 0153-87-2828）

シノリガモ

オジロワシ

MEMO

◎ワシ撮影のための観光船はいずれも朝９時ごろに出航する。ただし、時刻は流氷の状況や天候に左右されるので、当日の運行状況や料金などは観光協会に問い合わせて利用のこと（羅臼町観光協会 TEL 0153-87-3360）。

◎羅臼の観光船はワシだけでなく、アザラシやクジラ観察などの目的で通年運航されている。夏にはハシボソミズナギドリの大群も見られる。

◎観光船からはワシのために魚を海に投げ入れる。その飛沫（ひまつ）や波のしぶきを浴びる可能性が高いので、服装は防寒に加えて防水などの対策を講じた方がよい。

知床の山々をバックに、オオワシが流氷原を飛ぶ（２月中旬、羅臼）

斜里漁港

所在地：斜里郡斜里町港町、前浜町

カワアイサ

珍しいカモメ類が次々出現 道東らしい冬の海鳥スポットを楽しもう

世界自然遺産・知床の入り口に当たる斜里町にある漁港。珍しいカモメ類が次々に記録され、カモメウオッチングの名所として知名度が上がってきた場所だ。港そのものだけでなく、隣接する斜里川の河口部も含めカモメ類やカモ類そしてワシ類などの猛禽まで冬の探鳥が楽しめる。

斜里川が海に注ぐ辺りには厳寒期でも水面の開いた場所があり、多数のカモ類が集結する。スズガモやホオジロガモなど海ガモ類が多いが、カワアイサなどのアイサ類やマガモなどの淡水ガモ類もいる。ビロードキンクロやヒメウも現れる。斜里川の右岸から続く堤防は沖合まで長く伸び、防潮堤として海と川を仕切る形になっているため、鳥たちはこの堤防を頻繁に飛び越えて港と河口を行き来する。港の岸壁に車を停めて見ていると、飛び立ちの様子も着水の様子もじっくりと観察でき、興味深い。

港ではオオセグロカモメやシロカモメ、ワシカモメが多いが、その中にヒメクビワカモメやゾウゲカモメなど珍しいカモメ類が交じっているかもしれないので丹念に探してみよう。またカモメ類だけでなくこちらでもカモ類、カイツブリ類、アビ類、ウミスズメ類も見られるが、流氷が接岸すると港内は一面氷に覆われてしまい鳥はいなくなる。そうした海鳥が目的の場合は1月中旬ごろの流氷接岸以前の観察をお勧めしたい。再び海が開くのは3月中旬ごろだ。

冬の斜里漁港（2月中旬）

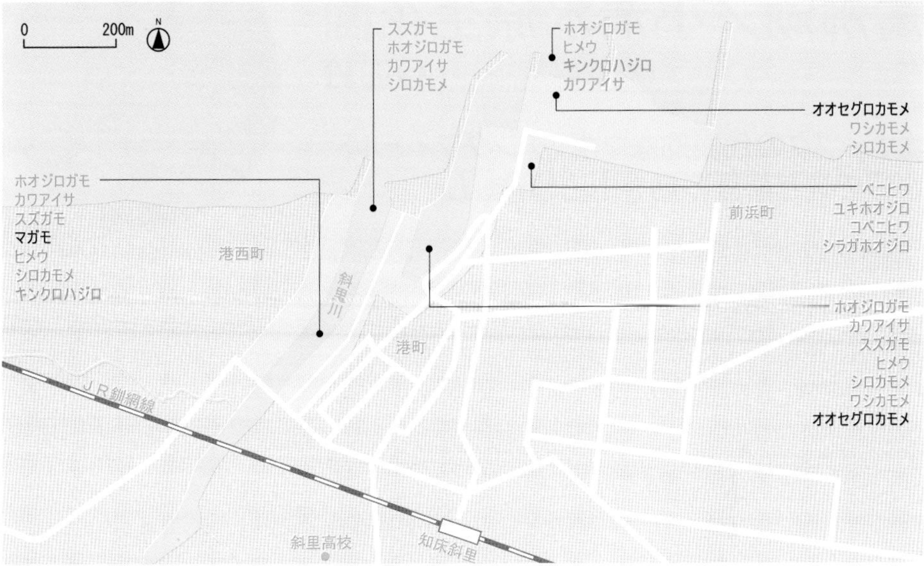

斜里川の河口部（2月中旬）

●装備など

●カテゴリー

カモメ類／ウ類／海ガモ類／アイサ類／ワシ類／ウミスズメ類／アビ類／カイツブリ類／淡水ガモ類／ホオジロ類／アトリ類／ワシタカ類　など

●珍しい鳥の記録

アイスランドカモメ、ウスセグロカモメ、キタホオジロガモ　など

●アクセス情報

◎JR釧網線知床斜里駅から徒歩約5分。

◎車の場合、網走市街から国道244号で約42km。

●探鳥会

日本野鳥の会オホーツクの主催で行われる。

MEMO

◎港周辺では海鳥のほかにオオワシ、オジロワシがしばしば出現し、またワタリガラスも冬に見られる。

◎港の東側、前浜の荒地には草の種を探すユキホオジロやベニヒワの群れがいることがある。

ワシカモメ

ベニヒワなどが現れる可能性のある前浜の荒地（2月中旬）

濤沸湖／小清水原生花園

所在地：網走市北浜、実豊、音根内、浦士別／斜里郡小清水町浜小清水

ベニヒワ

オホーツクの代表的なウオッチングフィールド 水辺の鳥と草原の鳥を中心に楽しむ

濤沸湖はオホーツク海側の代表的海跡湖のひとつで、砂州の発達により海と隔てられてできた浅い汽水湖である。周囲の多様な環境を含め230種以上もの野鳥が記録されている有数の探鳥地だ。その優れた自然環境は国際的にも評価され2005年にラムサール条約登録湿地となった。北側の原生花園ならびに南側のヨシ原や農耕地も含め、四季折々に野鳥観察が楽しめる。

夏、6月から7月ごろは原生花園の草原性の小鳥が存分に楽しめる。ノゴマ、ノビタキ、ホオアカ、コヨシキリ、シマセンニュウなどのさえずりがにぎやかに響く季節はちょうど花々の開花期と重なり、自然の美がダブルで味わえる。道内に数ある原生花園の中でも花の見事さは随一で、特にエゾスカシユリのオレンジ色とエゾキスゲの淡黄色の花が咲き競う中での小鳥たちのさえずりは、初夏の北海道を代表する見事な自然景観だ。

平和橋のあたりでは水面にオカヨシガモやカイツブリ、ダイサギ、アオサギの姿が見られ、オジロワシや獲物を狙うチュウヒが飛ぶ。

冬は、国道244号周辺での猛禽（もうきん）ウオッチングが楽しい。ケアシノスリ、コミミズク、ハイイロチュウヒなどがネズミを探して飛び回るのを頻繁に見ることができる。また、原生花園駅から海岸までの間の草原ではユキホオジロやベニヒワ、そしてツメナガホオジロなど冬の魅力的な小鳥にも出会えるだろう。春、氷が緩む頃には平和橋付近に100羽を超えるオオワシ、オジロワシが集まるのも壮観だ。

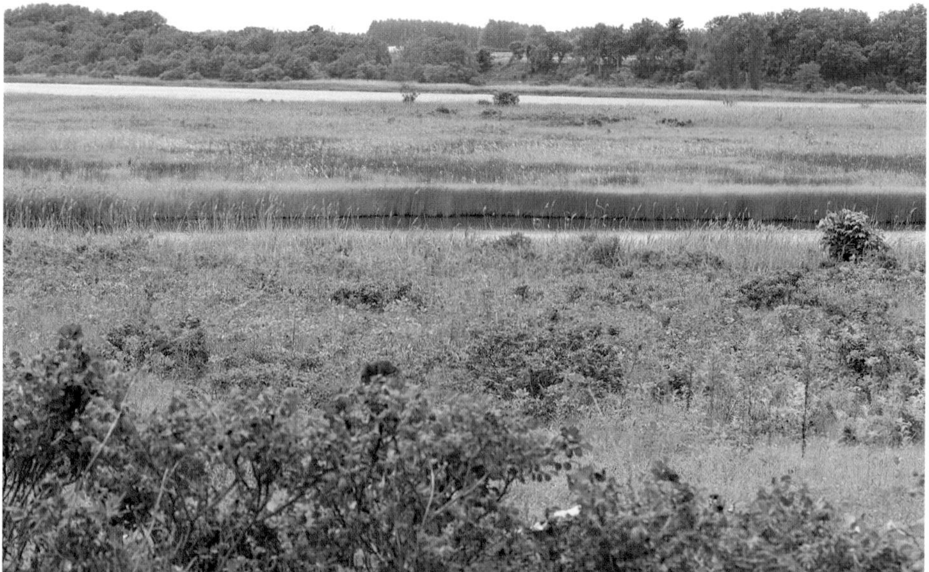
小清水原生花園の向こうに濤沸湖を望む（6月下旬）

●お目当ての鳥：ノゴマ、チュウヒ、コミミズク　●時期：1 2 3 4 5 6 7 8 9 10 11 12

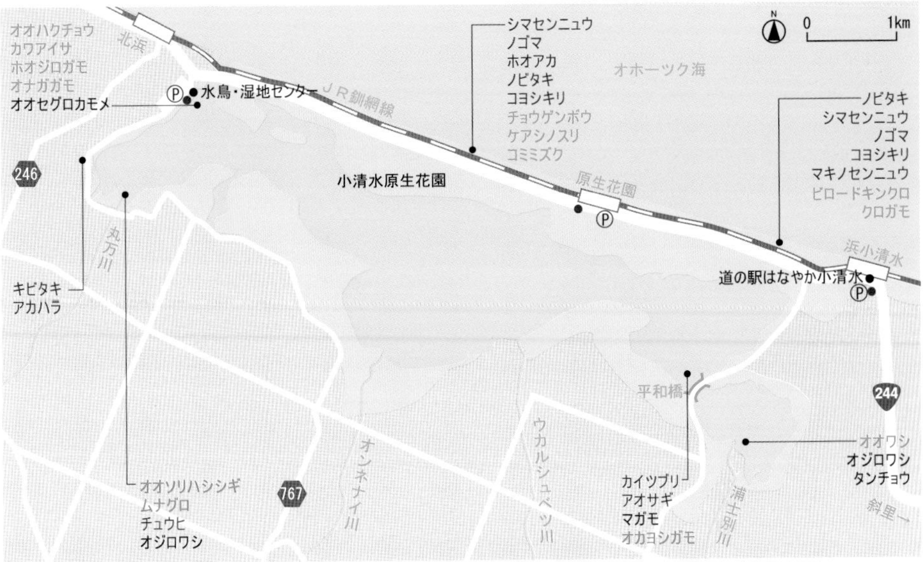

●トイレ　Ⓟ駐車場

オオバンの雛を捕えたチュウヒ

MEMO

◎濤沸湖は東西約８kmある。その全域が探鳥地といってさしつかえないが、全部を見て回ろうと思うと広すぎる。探鳥を楽しみながらでは１日ではとても回りきれないだろう。初夏から夏にかけては特に見どころが多いので、その日の観察ポイントを決めてじっくりと腰を落ち着けて観察することをお勧めする。

◎春秋の渡りの時期には湖の東南、丸万川の河口付近などにオオソリハシシギやムナグロなどのシギ・チドリ類が渡来する。

●装備など

●カテゴリー

海ガモ類／アイサ類／淡水ガモ類／カイツブリ類／シギ・チドリ類／小型ツグミ類／ワシタカ類　など

●アクセス情報

◎JR釧網線原生花園駅下車すぐ。

◎車の場合、網走駅前から国道244号経由で水鳥・湿地センターまで約13km。原生花園駅まで約17km。

●施設

濤沸湖水鳥・湿地センター
（TEL 0152-46-2400）
小清水町観光協会ビジターセンター
（TEL 0152-67-5120）

●探鳥会

日本野鳥の会オホーツクの主催で行われる。

カワアイサ

セリ科植物の白い花は虫が付きやすいのでノビタキが好んでとまる（６月下旬、小清水原生花園）

卯原内

所在地：網走市卯原内

「赤いじゅうたん」の中のシギ類 北海道ならではの組み合わせ

卯原内は、能取(のとろ)湖の南岸にあるアッケシソウの大規模な群落で有名な場所である。

9月、シギ・チドリ類の渡りの最盛期のころにちょうどアッケシソウが見ごろとなる。赤いじゅうたんを敷き詰めたようなアッケシソウ群落の中でシギ類の姿を見るのは北海道ならではの楽しみ方であり、その点において卯原内は独特な探鳥フィールドと言えるだろう。

アッケシソウは塩性湿地に生育するアカザ科の一年草で、その形状と秋に赤くなることからサンゴソウとも呼ばれる。本州などではほとんど見られなくなってしまった植物だが、北海道では良好な生育地が保たれており、卯原内のほか能取湖畔やサロマ湖畔などオホーツク海側の海跡湖に群落地がある。アッケシソウの生育地は潮の干満によって海水が出入りする場所であり、そうした湿地は底生生物のすみかにもなっている。それらを食べるシギ・チドリ類の採食場所でもあるわけだ。

この場所で見られるシギ類は、トウネン、エリマキシギ、オグロシギ、ハマシギなど。数の少ないコアオアシシギも見られる。シギ類以外ではユリカモメが多く、アオサギも飛来する。

シギ類の出現時期はアッケシソウの見ごろという観光シーズンに重なり、遊歩道は日中は常に観光客でにぎわっているため、人なれしたユリカモメ以外は近寄ってこない。したがってシギ類の探鳥には観光客の少ない早朝が望ましい。

日本一の規模を誇る卯原内のアッケシソウ群落（9月下旬）

●お目当ての鳥：エリマキシギ、オオソリハシシギ、オグロシギ、コアオアシシギ　●時期：| 1 | 2 | 3 | 4 | 5 | 6 | 7 | 8 | 9 | 10 | 11 | 12 |

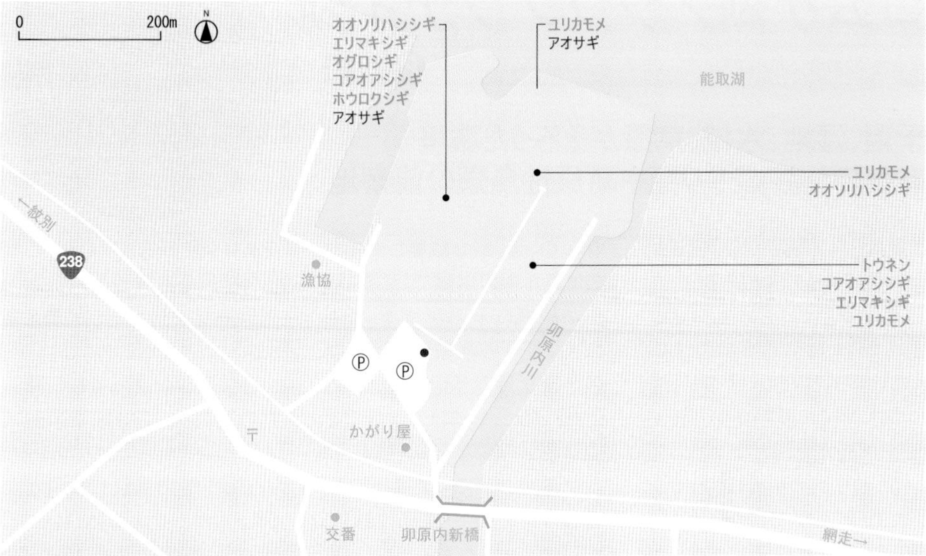

●トイレ　Ⓟ駐車場

ムナグロとトウネン

ユリカモメ

コアオアシシギ

●装備など

●カテゴリー

シギ・チドリ類／カモメ類／サギ類／ワシタカ類　など

●珍しい鳥の記録（能取湖）

オジロトウネン、ハジロコチドリ、ヘラシギ、クロツラヘラサギ、ヒメハマシギ

●アクセス情報

◎JR石北線網走駅前から網走バス「常呂行き」で「サンゴ草入口」下車、徒歩約2分。

◎車の場合、網走市街中心部から国道238号を常呂方面へ約14km。

●探鳥会

日本野鳥の会オホーツクの主催で行われる。

MEMO

◎10〜11月ごろにはガン類やカモ類、冬にはオジロワシが見られる。
◎アッケシソウは8月末から9月いっぱい見られる。
◎アッケシソウの名は、この植物が日本で初めて確認された場所が厚岸であったことから名付けられた。

コムケ湖／シブノツナイ湖

所在地：紋別市小向、沼の上

ハマシギ

干潟、湿地、水域、草原がそろった環境 有数のシギ・チドリ類や草原性鳥類の観察地

オホーツク海沿いには発達した砂州によって海と隔てられた海跡湖がいくつもあり、コムケ湖はサロマ湖や濤沸湖とともにその代表的存在のひとつだ。浅い汽水湖らしく藻類が繁り底生生物が豊かで海とつながっているため干満の影響によって干潟が出ることが特徴だ。干潟環境の少ない北海道ではコムケ湖のような規模の大きな干潟は珍しく、シギ・チドリ類の観察地として古くから知られている。

コムケ湖は３つの水域に分かれている。最も観察しやすいのは真ん中の水域で、ここには広い範囲に干潟が出る。最も大きな東側の水域では南東側の一帯が鳥の多いスポットだ。ヒメウズラシギ、コモンシギなど観察機会の少ない鳥を含め、コムケ湖全体でこれまで実に46種ものシギ・チドリ類が観察されている。

一方、コムケ湖の東側に位置するシブノツナイ湖も同様の海跡湖で、細い砂州でオホーツク海と隔てられている。観光地でもなく遊歩道はないが、この砂州を通る漁業者用の１本の未舗装路を利用して探鳥を楽しむことができる。

こちらは何と言っても６月７月の夏鳥シーズンが素晴らしく、ノゴマ、シマセンニュウ、コヨシキリ、ノビタキ、オオジュリンなどのさえずりがハマナスなど色とりどりの花と共に楽しめる。道北でしか繁殖しないツメナガセキレイも多く、滅多に姿を見せてくれないマキノセンニュウも見るチャンスがある。

コムケ湖の真ん中の水域を西側から見る（９月下旬）

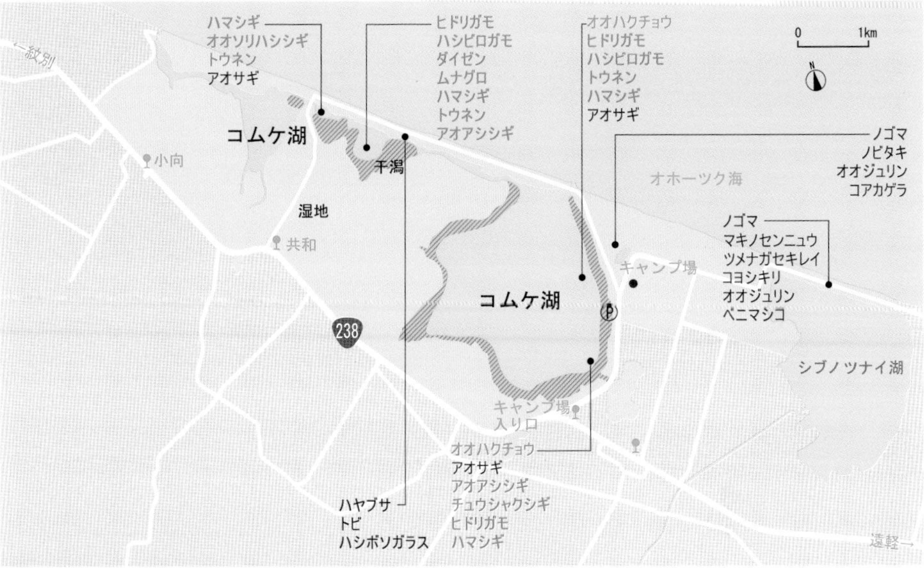

トイレ　Ⓟ駐車場

シブノツナイ湖畔の未舗装路はハマナスの花で彩られる（6月下旬）

MEMO

◎秋のシギ・チドリ類の個体数は8月下旬と10月中旬がピークになる。8月下旬はトウネン、10月中旬はハマシギが特に多い時期だ。種数が多いのは8月下旬から9月中旬にかけてで、この時期なら1日に20種以上見られる可能性は十分にある。

◎コムケ湖東側の水域は砂質の干潟で、キャンプ場付近から干潟に降りることができる。長靴は必要。真ん中の水域は泥質干潟で深い場所があるため入らない方が無難。

◎地形の関係で、観察には朝や午前中がよい。午後はほぼ逆光状態になる。

◎駐車場はキャンプ場以外には特にないが、コムケ湖・シブノツナイ湖とも海岸道路は随所に駐車できる。漁業者などの車の通行の邪魔にならないよう配慮して止めよう。また植生の中に車を入れないこと。これは植物の保護だけでなく、スタック防止のためでもある。

装備など

カテゴリー

シギ・チドリ類／淡水ガモ類／ハクチョウ類／海ガモ類／ウミスズメ類／ウ類／カモメ類／トウゾクカモメ類／サギ類／ワシタカ類／ハヤブサ　など

アクセス情報

◎JR石北線遠軽駅から紋別行きバスで「キャンプ場入口」下車。

◎車の場合、紋別市街地から国道238号経由、約22kmで湖入り口。鳥のいる場所を隅々まで見て回るためには車の利用をお勧めする。

探鳥会

日本野鳥の会オホーツクの主催で行われる。

トウネン

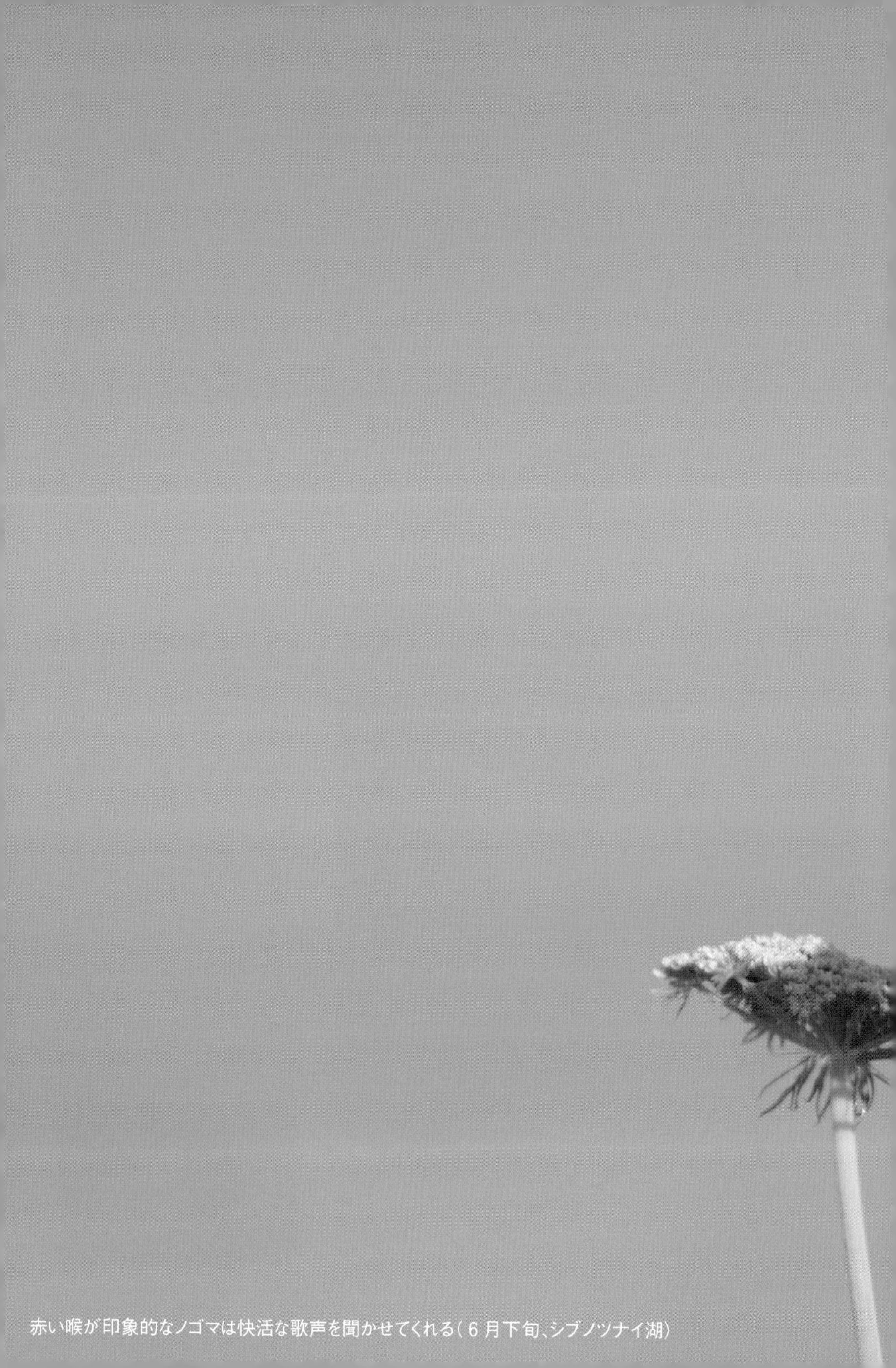

赤い喉が印象的なノゴマは快活な歌声を聞かせてくれる（6月下旬、シブノツナイ湖）

オムサロ原生花園

所在地：紋別市オムサロ

数ある原生花園の中でも鳥の密度は最高
安心して至近距離からじっくりと観察できる

原生花園とは野生の花が咲く海岸草原のことで、北海道特有の呼び方のようだ。道東・道北地方を中心に二十数カ所が知られている。初夏にはハマナスやエゾカンゾウなど美しい野の花が咲き乱れる観光名所だが、そういう場所は草原性の小鳥たちの貴重な繁殖地でもある。花と鳥というふたつの自然美が同時に楽しめるパラダイスなのだ。探鳥地としての「原生花園」の名は全国的知名度を誇り、初夏に北海道を訪れる鳥見人は原生花園がお目当てであることが多い。

そんな中でも特にお勧めしたいのが紋別市街地の北西側に位置するオムサロ原生花園だ。ここはとにかく鳥の生息密度が高い。6～7月の早朝であれば、ほどよい配置の遊歩道を歩くだけで次から次へと魅力的な小鳥たちが間近に現れる。ノゴマ、ノビタキ、ベニマシコ、オオジュリンなどなど。いずれも夏の北海道らしい鳥たちで、本州との共通種もここでは色鮮やかな夏羽の姿である。

姿を見せてくれるのは雄が多く、花の上に止まって声高らかにさえずり、まさに花と鳥のダブルの美を私たちに見せてくれる。丈の高い花などが彼らのソングポスト（さえずり場所）になっているからこそ見られる情景だ。コヨシキリ、シマセンニュウも数多い。2000年前後まではシマアオジも繁殖していたが、最近は残念ながら見かけなくなってしまった。また、海辺なのでウミネコなどカモメ類もよく見かける。

一面に広々とした海岸草原が広がるオムサロ原生花園（6月下旬）

●お目当ての鳥：ノゴマ、ノビタキ、ベニマシコ、シマセンニュウなど

●時期：

1	2	3	4	5	6	7	8	9	10	11	12

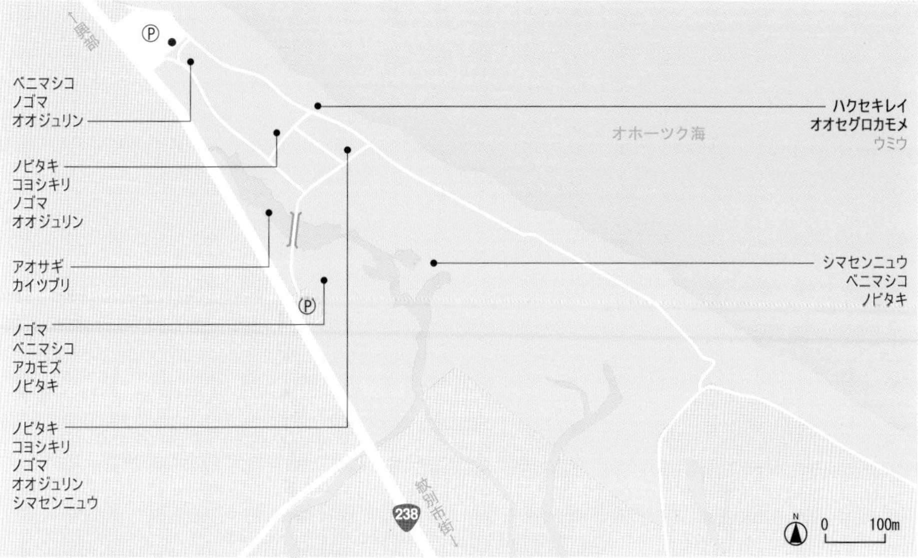

●トイレ Ⓟ駐車場

オムサロ原生花園から見るオホーツク海（9月下旬）

オオジュリン

アカモズ

●装備など

●カテゴリー

小型ツグミ類／ホオジロ類／ウグイス類／アトリ類／ウ類／カモメ類／サギ類／タカ類／モズ類／カイツブリ類など

●アクセス情報

◎紋別バスターミナルから北紋バス興部方面行きで乗車20分「川向4線」下車、徒歩約10分。

◎車の場合、紋別市街中心部から国道238号経由で約7㎞。旭川方面からは国道273号で滝上経由、紋別市渚滑で左折し238号に入る。比布JCTまで道央道、そこから浮島ICまで旭川紋別自動車道が利用できる。

MEMO

◎原生花園の北側はすぐ砂浜の海岸であり、当然カモメ類やウミウ、トビなどが見られる。7月後半からはシギ・チドリ類を見ることもある。

◎紋別市はシマアオジがかつて密度高く生息していた場所であり、またシブノツナイ湖で近年も観察されていることから、オムサロでも見られる可能性は捨てきれない。ツメナガセキレイも付近で観察されており、出現の可能性がある。

◎近年急激に数の減っているアカモズも出現することがある。

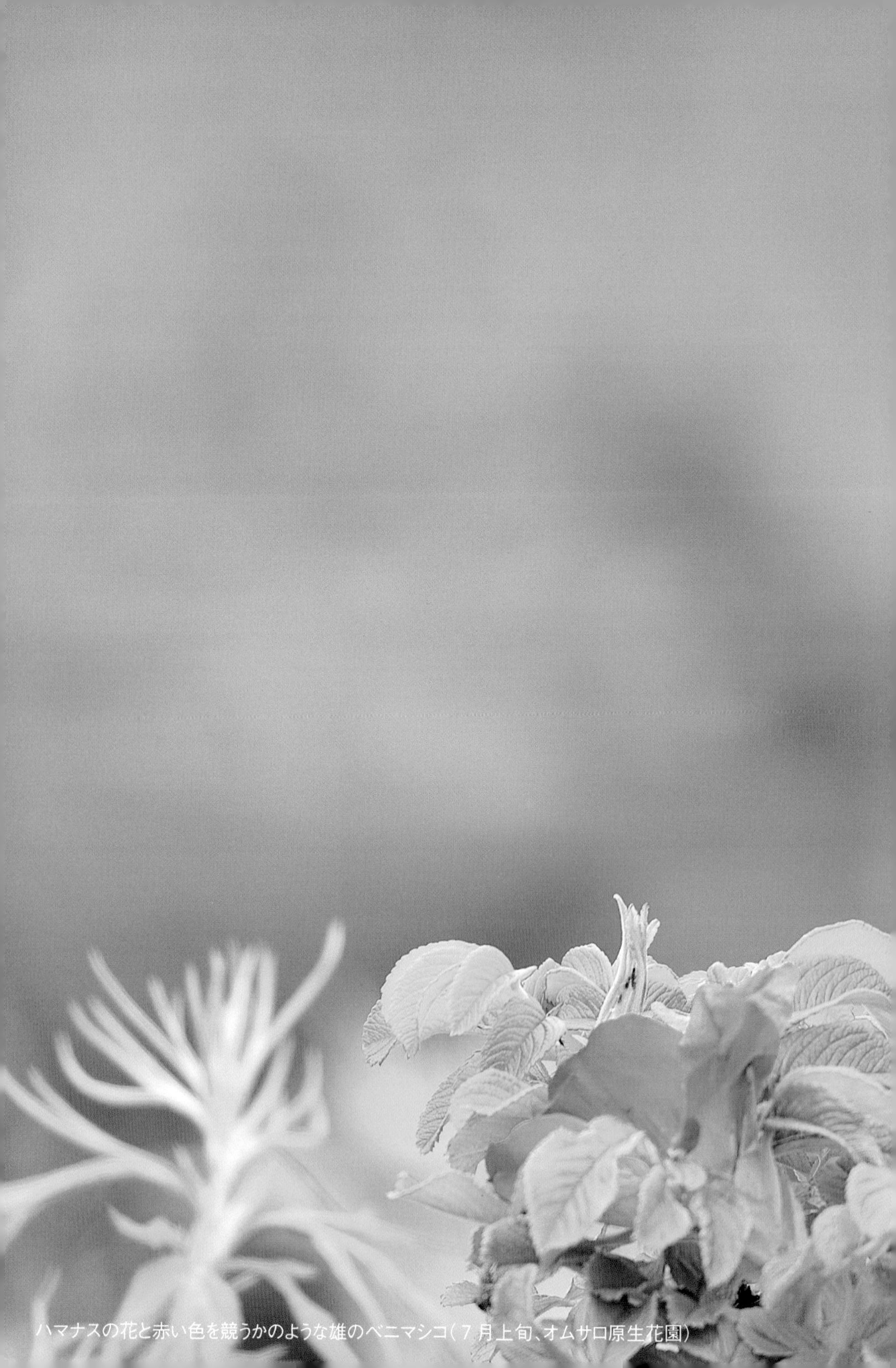

ハマナスの花と赤い色を競うかのような雄のベニマシコ（７月上旬、オムサロ原生花園）

道東　その他の観察地

千代の浦マリンパーク
ちよのうらまりんぱーく

春採湖の南西の海岸に位置する港湾公園。海とのふれあいや漁業への理解のために釧路市が公園として造成した。鳥の生息環境として見れば港湾と変わらず、冬の海ガモ類の観察地として楽しめる。シノリガモやスズガモ、クロガモ、コオリガモ、ウミアイサなどだが、ハジロカイツブリやカンムリカイツブリも見られ、4月頃には夏羽の姿を見る楽しみがある。北海道では珍しくイソヒヨドリの越冬例もある。

●釧路市千代の浦●JR釧路駅から約4km●駐車場あり●トイレあり●入園無料●時期11～4月

根室市民の森
ねむろしみんのもり

2008年にオープンした森林公園。ミズナラやトドマツの自然林を含む37ha余の森は思いのほか深く、従来の根室半島の印象が覆されるかもしれない。総延長3.5kmほどの遊歩道が整備され、バリアフリー区間もある。一般的な森林性の鳥はもちろん、渡りの時期には思いがけない鳥も期待できそうだ。定期的、継続的な観察によってこれからの出現記録の整備が期待される場所だ。

●根室市東和田●根室市街中心部から約7km●駐車場あり●トイレあり●時期　5～6、10～11（前半）月

丸山公園
まるやまこうえん

標津川の河跡湖とその周辺を整備した都市公園。適度な森林環境で、カラ類、キツツキ類やキバシリ、エナガなどが至近距離から見られるのがうれしい。沼にはカモ類はもちろん、カワセミやヤマセミ、オジロワシが姿を見せ、サギゴイの記録もある。中標津空港から近く、本州から空路で道東入りした際に最初に気軽に訪れるのにふさわしい探鳥地だ。

●標津郡中標津町丸山●中標津空港から約2.5km●駐車場あり●トイレあり●時期　3（後半）～6、10～12月

網走湖
あばしりこ

網走湖から網走川が流出する辺りは晩秋から春にかけてカモ類の観察地として簡便に楽しめる場所だ。キンクロハジロやホオジロガモなどが国道を走る車からも見られる。鳥ではないがゴマフアザラシもいる。また、すぐ近くの呼人半島には「探鳥遊歩道」があって5月ごろの新緑の季節にヒタキ類や大型ツグミ類など森林性の鳥が多く見られる。

●網走市大曲、呼人●網走市街地から約9km●駐車場なし●トイレなし●時期　1～4（前半）、10（後半）～12月

キムアネップ岬
きむあねっぷみさき

サロマ湖の南東岸に位置する半島のような岬。岬先端部の原生花園ではオオジュリン、マキノセンニュウ、シマセンニュウなど初夏の草原性の小鳥たちが多数繁殖し、6～7月が観察適期。湿地と小さな沼にはアオアシシギ、キアシシギ、タカブシギ、ムナグロなどシギ・チドリ類が春は4～5月、秋は7～10月に見られる。また、夏のエゾスカシユリや秋のアッケシソウも見もの。

●常呂郡佐呂間町幌岩●網走市街地中心部から約55km●駐車場あり●トイレあり●時期　4～10月

第4章

道南

日高・胆振・渡島・檜山

亜種シマエナガ(1月、北大苫小牧研究林)

日高幌別川

所在地：浦河郡浦河町

カモ類、サギ類、ワシタカ類…
河口には鳥が多いことを実証してくれる場所

日高幌別川をメインフィールドにする浦河探鳥クラブが2001年の結成以来、月例探鳥会を実施してきた場所。探鳥会を重ねることで記録を蓄積し、多様な環境を備えた河口周辺には多くの鳥が見られることが明らかになってきた好例である。

日高幌別川は日高山脈南部に源を発する2級河川だが、下流部は川幅が広くとうとうと流れる大河のイメージがある。河口部は流れもゆるやかで水鳥の有数の生息地となっている。オシドリが繁殖するなど何種類かのカモ類が1年を通して見られ、秋からは種類も多くなり海ガモ類やアイサ類も増える。カモメ類も多く、ミツユビカモメなども普通に見られる。アジサシ類はコアジサシ、クロハラアジサシを含む5種の出現記録がある。サギ類はアオサギはもちろんダイサギ、チュウサギ、コサギ、アマサギも見られ、ゴイサギの記録もある。干潟環境ではないためシギ・チドリ類の個体数は少ないが、それでもイカルチドリやオオメダイチドリ、キリアイ、タシギなどを含む30種以上が観察されている。タンチョウの出現記録もある。

河口右岸側には海岸線沿いに草原が広がっており、冬にはコミミズクやハイイロチュウヒ、オオタカなどの猛禽（もうきん）がよく見られる。さらに河口から上流側10㎞までの範囲では11月下旬から12月中旬にかけてオオワシやオジロワシが多く、ピークには70羽近くが集まり、そのうち30羽ほどは越冬する。

幌別橋から上流側を望む（9月中旬）

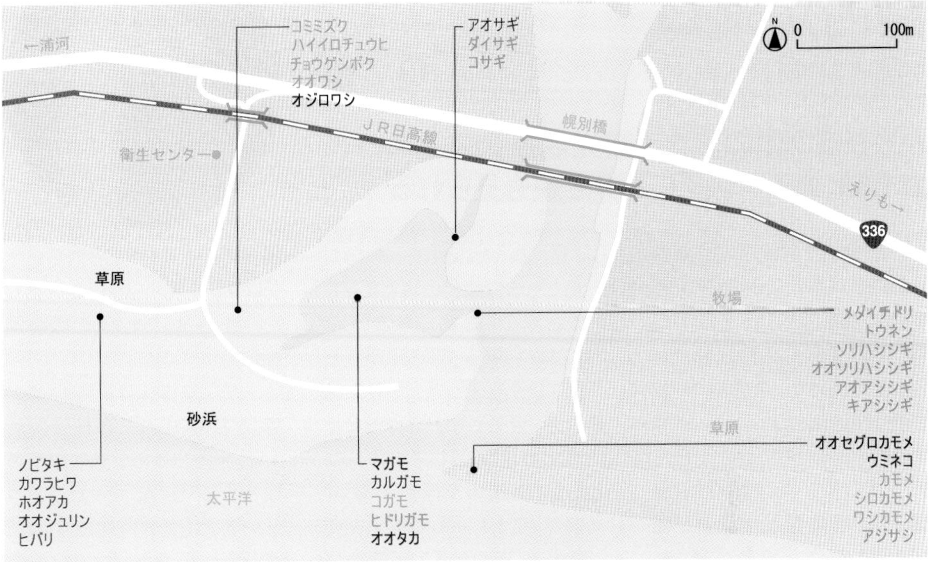

河口の中州（9月中旬）

●装備など

●カテゴリー

淡水ガモ類／海ガモ類／アイサ類／カモメ類／アジサシ類／サギ類／シギ・チドリ類／フクロウ類／ワシタカ類／ハヤブサ類／ツル類　など

●アクセス情報

◎JR日高線（代行バス）日高幌別駅下車、徒歩約15分。

◎車の場合、浦河市街中心部から国道235号をえりも方向へ約8㎞。

●探鳥会

浦河探鳥クラブの主催で行われる。

●施設

浦河町立郷土博物館（TEL 0146-28-1342）

オジロワシ幼鳥

MEMO

◎右岸の海岸線沿いの草原では初夏のころ、コヨシキリ、オオジュリン、ノビタキ、ヒバリなど草原性の小鳥が繁殖する。また河原でハクセキレイ、セグロセキレイが見られ、秋口にはキセキレイも加わる。

◎日高幌別川の河口周辺でこれまでに記録された鳥は170種以上にのぼっている（浦河探鳥クラブ調べ）。

◎浦河市街地から近い浦河港は、冬季、クロガモ、コオリガモ、ビロードキンクロなど海ガモ類の観察に適している。ウミスズメ類やアビ類、カイツブリ類も見られ、コクガンの記録もある。

静内川河口

所在地：日高郡新ひだか町静内青柳町、静内古川町

オオハクチョウ

ハクチョウ類の集まる観光名所のひとつ
カモ類、カモメ類そしてタカ類も見られる

日高地方の中心都市・新ひだか町静内の市街地東方で太平洋に注ぐ静内川。その河口付近はハクチョウの観光餌付け場のひとつとなっており、一般観光客も多く訪れる。バードウオッチャーにとってはオオハクチョウだけでなくカモ類やカモメ類そして猛禽(もうきん)類など希少な種類を含む多様な野鳥が見られる場所として有名だ。日本最北のマガンの越冬地でもあり、また記録の少ない亜種アメリカコハクチョウが9年連続して越冬し話題になったこともあった。

鳥たちへの餌付け場となっている右岸の「白鳥ふれあい広場」ではハクチョウ類のほかカモメやユリカモメといったカモメ類、ヒドリガモやオナガガモなどの淡水ガモ類、そしてホオジロガモなどの海ガモ類が冬季の常連だ。鳥たちは人の与える餌に夢中で、双眼鏡さえ必要のない近距離からじっくりと観察できる。ユリカモメはオオハクチョウの体の上に乗ってまで餌を奪おうとするなど、なんとも騒がしい。朝夕に姿を見せることの多いオジロワシやオオワシにも注目したいが、さらにクマタカの観察例もある。

一方、左岸には「うぐいすの森」と名付けられた森林公園があり、冬季にはカラ類キツツキ類やヒヨドリのほかマヒワやウソ、イカルなどアトリ科の鳥などが見られる。また、「うぐいすの森」から静内橋寄りの川岸には春秋にハマシギやキアシシギ、ソリハシシギなどシギ類が来ていることがある。

冬の静内川はオオハクチョウが多数越冬する場所（1月中旬）

●お目当ての鳥：オオハクチョウ、カモメ、ユリカモメ、ホオジロガモ　●時期：1 2 3 4 5 6 7 8 9 10 11 12

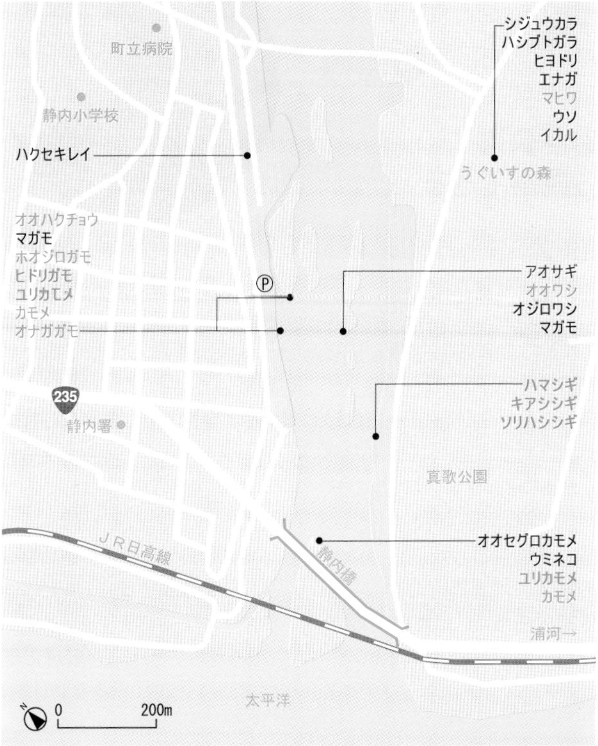

Ⓟ駐車場

秋の静内川。オオハクチョウの越夏個体が見られた（9月中旬）

●装備など

●カテゴリー

ハクチョウ類／カモメ類／淡水ガモ類／海ガモ類／ガン類／アイサ類／サギ類／ワシタカ類／セキレイ類／ウ類／ウグイス類／アトリ類／ムクドリ類／カラ類／シギ・チドリ類／カワセミ類　など

●珍しい鳥の記録

セイタカシギ、タゲリ、コウノトリ

●アクセス情報

◎JR日高線（代行バス）静内駅から徒歩約15分。

◎車の場合、国道235号で静内橋の西側から右岸へ入る（白鳥公園）。左岸へは静内橋の東側を川沿いに入る。

●探鳥会

日本野鳥の会苫小牧支部主催で行われることがある。

オオハクチョウの背に乗るユリカモメ（1月中旬）

カモメ

MEMO

◎ここで越冬するオオハクチョウの個体数は100羽から数百羽で、河川としては北海道最大の越冬地といわれている。

◎マガンのほかヒシクイ、アオサギの越冬例もある。また近年はダイサギも秋冬に出現することがある。

◎マガモは通年見られ、一部は繁殖している。

◎静内川は河口付近に伏流水が湧出する場所があり、そのために厳寒期でも結氷しない。このことが、鳥たちがここを越冬場所に選ぶ理由になったと考えられている。

判官館森林公園

所在地：新冠郡新冠町高江

義経伝説の岬を擁する総合公園 森の鳥と海の鳥が同時に観察できる

その昔、蝦夷地に逃亡してきた源義経が館を築いたとの伝説がある判官岬。アイヌの英雄シャクシャインが謀殺された地とも伝えられているが、今は日高地方屈指の美しい夕陽で知られる観光地となっている。この判官岬に続く広葉樹林を中心に整備された66haの公園が判官館森林公園である。フィールドアスレチックやパークゴルフ場などさまざまなアウトドアレジャー施設も整備されているが、森の中に縦横に巡らされた遊歩道がバードウオッチングコースとして好適だ。

ミズナラやカシワ、イタヤカエデなどの広葉樹林は岬に向けて起伏を繰り返しながら徐々に標高を上げていく。遊歩道は砂利敷きやウッドチップ敷きの部分があり歩きやすいが、とにかくアップダウンが多くちょっとした登山道の趣だ。カラ類やキツツキ類といった留鳥にはいつでも頻繁に出会う。5月の新緑の時期ならアカハラやキセキレイ、センダイムシクイ、ニュウナイスズメなどの夏鳥も多い。森の奥からはアオバトのもの悲しげな声も聞こえてくる。

太平洋を眼下に見下ろす判官岬に出ると、ウミウやウミネコなどは当然だが、運がよければハヤブサやミサゴなども見られる。秋の渡りの時期にはノスリなどタカ類の渡りも見られる。

再び林内に戻り木道のあるタコッペ湿原に出るとキビタキやオオルリ、ミソサザイなどが見られるだろう。せせらぎ広場の芝生ではハクセキレイを見かける。

林内は起伏があり、遊歩道には階段状の場所もある（9月中旬）

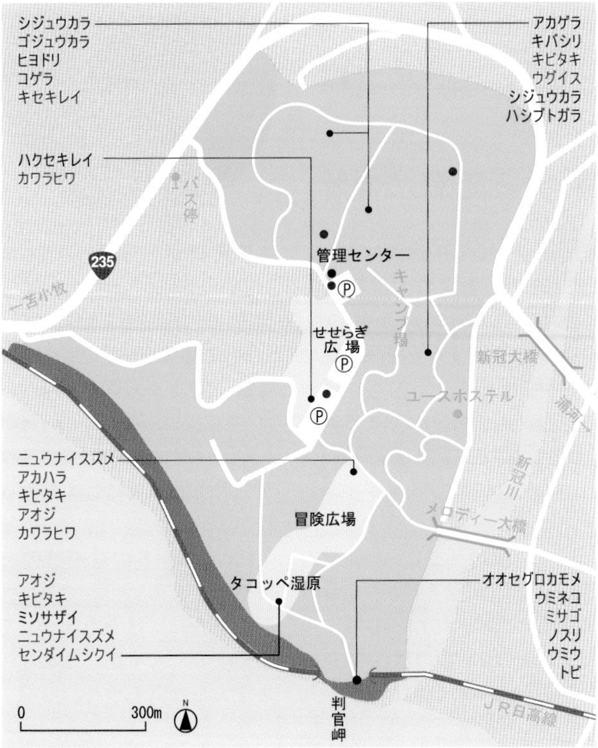

●トイレ　Ⓟ駐車場

太平洋が見下ろせる判官岬（9月中旬）

●装備など

●カテゴリー

カラ類／キツツキ類／大型ツグミ類／ウグイス類／ヒタキ類／ミソサザイ／セキレイ類／小型ツグミ類／ホオジロ類／スズメ類／ムクドリ類／ヒヨドリ／カモメ類／タカ類　など

●アクセス情報

◎JR日高線（代行バス）新冠駅下車、約3km。車の利用が便利。

◎車の場合、国道235号の「道の駅サラブレッドロード新冠」から苫小牧方面へ約1.5km。

●施設

判官館森林公園管理センター（TEL 01464-7-2193、冬期閉館）

冒険広場（9月中旬）

ニュウナイスズメ

MEMO

◎林内に鉄塔のような展望塔があり樹冠近くからの観察に便利だったが、老朽化のため現在は閉鎖されていて利用できない。

◎公園内にキャンプ場やバンガローがあり、早朝からの観察に備えて泊り込むことが可能。ただし、暗い時間帯などは当然危険もあるので岬方面など奥に入り込まないようにした方が無難。

◎春から初夏にはいろいろな花が咲く場所でもあり、オオバナノエンレイソウ、カタクリ、クマガイソウ、サクラソウ、ニリンソウなどが5月から6月ごろに、ベニバナヤマシャクヤクが6月から7月ごろに見られる。

鵡川河口

所在地：勇払郡むかわ町汐見、洋光、若草

オオタカ

シギ・チドリ類の名所から第１級のオールラウンド観察地へと変貌した場所

鵡川は占冠村の山中に源を発し、旧穂別町を経てむかわ町で太平洋に注ぐ１級河川だ。流路延長135㎞に及ぶ北海道第５位の長流である。かつては河口右岸に鳥たちの重要な渡り中継地となる大きな干潟が出現し、非常に多くのシギ・チドリ類が見られる場所であった。しかし、昭和50年代以降、海岸浸食等によって干潟は大幅に減少してしまい、シギ・チドリ類の数は減ってきている。それでも左岸に残る干潟や中州、砂浜、後背の草原、そして干潟再生のために作られた右岸の人工干潟など河口周辺では今もシギ・チドリ類をはじめとする多種多様な鳥が見られる。

過去の記録も含め、ここで見られるシギ・チドリ類は30種以上。多いのはアオアシシギやオオソリハシシギ、ハマシギなどだが、どんな種類が出てもおかしくはない。春は４月下旬から５月末、秋は７月下旬から10月上旬がシギ・チドリ類の見ごろだ。５月ごろにアカエリヒレアシシギの大群が出現することもある。渡りの時期にはサギ類、カモ類、カモメ類なども多い。

そして猛禽（もうきん）が多いことも特筆に値し、オオタカやノスリをはじめ、冬にはコミミズク、ハイイロチュウヒ、ケアシノスリ、コチョウゲンボウなどもしばしば観察されている。

ほかにも初夏の草原性の小鳥や冬の海鳥など見どころは尽きず、また時に珍鳥も出現して話題になる。今や第１級のオールラウンドな探鳥地だ。

左岸の河口付近から上流方向を望む（10月上旬）

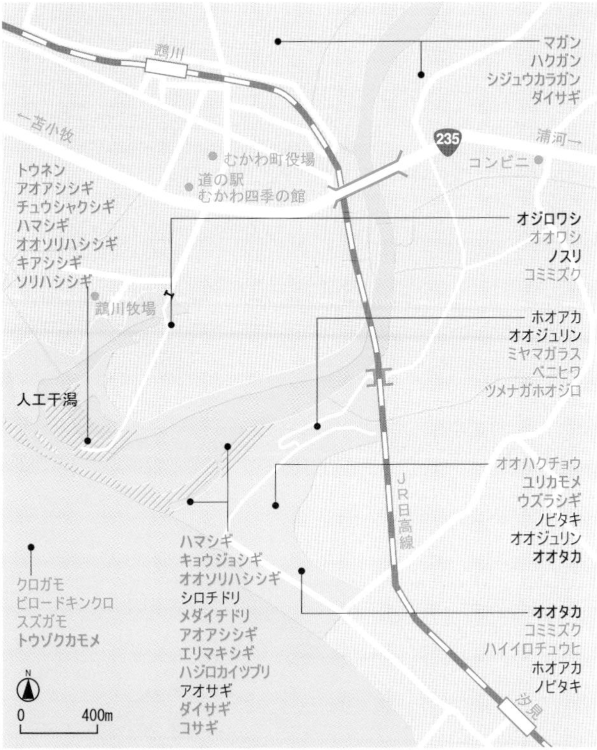

●装備など

●カテゴリー

シギ・チドリ類／カイツブリ類／カモメ類／ウ類／トウゾクカモメ類／ワシタカ類／ウミスズメ類／海ガモ類／淡水ガモ類／アビ類／ガン類／ハクチョウ類／サギ類／フクロウ類／ハヤブサ類／小型ツグミ類／ウグイス類／ホオジロ類／ツバメ類　など

●珍しい鳥の記録

クロツラヘラサギ、ヘラサギ、カラシラサギ、ケリ、ツバメチドリ、タゲリ、コモンシギ、コウノトリ、ヨーロッパトウネンなど

●アクセス情報

◎右岸へは、JR日高線鵡川駅から徒歩約20分。左岸へは汐見駅（代行バス）から徒歩約10分。

◎車の場合、日高自動車道鵡川ICから鵡川市街へ向かい、国道235号で鵡川大橋を渡り、セブンイレブンの所を右折して、左岸へ出る。右岸へは車では行けないため、道の駅むかわ四季の館に車をとめ、徒歩で。

●探鳥会

日本野鳥の会苫小牧支部などの主催で 8 月ごろに行われる。また、北海道野鳥愛護会の主催で行われる。

右岸の人工干潟（12月上旬）

ハジロカイツブリ

MEMO

◎海上には冬にはクロガモ、ビロードキンクロなどの海ガモ類やウミスズメ類が見られる。春秋の渡りの時期にはアジサシやトウゾクカモメ類、ミズナギドリ類が見られるが、距離が遠いことが多く、観察には高倍率の望遠鏡が必要。

◎河口から少し離れるが、周囲の農耕地では春秋にマガンやオオハクチョウが数多く見られる。マガンの群れには時にハクガンやカリガネが交じることがある。

◎鵡川河口干潟の消失をもたらした海岸浸食の原因は科学的には解明されていないが、鵡川から20kmほど西の苫小牧西港の完成による海水流路の変化が関係あるとも考えられている。地元では2001年ごろから貴重な干潟環境の復元に取り組み、海岸浸食防止策の実施や人工干潟の造成などを行い、成果を上げている。

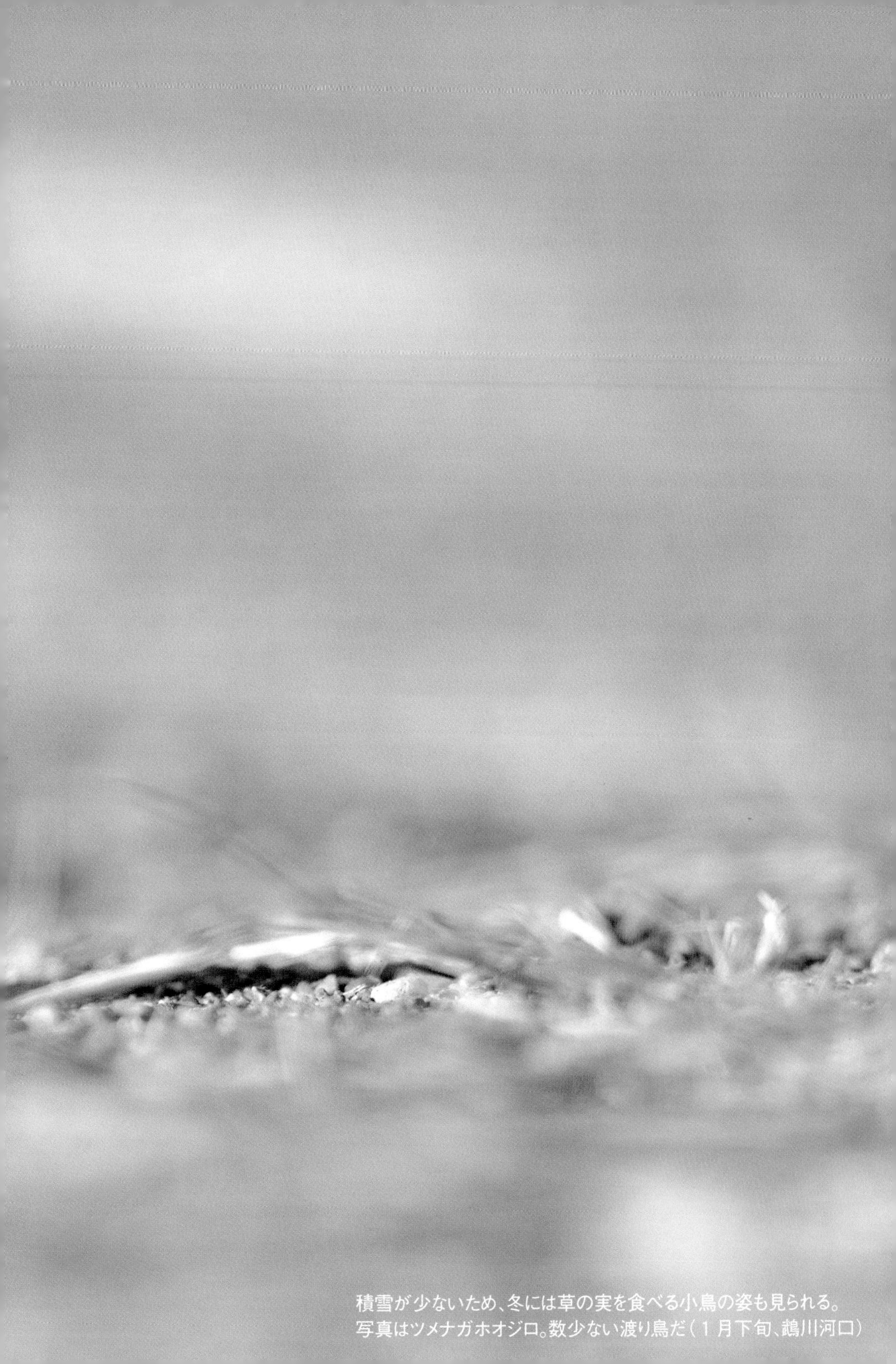

積雪が少ないため、冬には草の実を食べる小鳥の姿も見られる。
写真はツメナガホオジロ。数少ない渡り鳥だ（1月下旬、鵡川河口）

ウトナイ湖

所在地：苫小牧市植苗

マガン

ここが元祖〝野鳥の聖域〟 北海道で鳥を見るなら欠かせないフィールド

かつては釧路湿原に匹敵する規模の湿原地帯だった勇払原野は、開拓期以来、港や空港、都市をはじめとする大規模開発のためにその大部分が失われてしまった。ウトナイ湖は、その原生自然の面影を今に伝える貴重な湖沼であり、北海道を代表する有数の野鳥生息地となっている。

水域を中心に、湿地帯、川、灌木林、草原、広葉樹林など多様な環境が備わっているため、ウトナイ湖とその周辺でこれまでに観察された野鳥はじつに260種以上を数える。代表的なのはカモ類、ガン類、ハクチョウ類などの水鳥で、これらカモ科の鳥だけでも25種が定期的に飛来している。マガンは春季に5万羽以上、ヒシクイ（亜種オオヒシクイ）は900羽、オオハクチョウ、コハクチョウは各300羽程度がウトナイ湖を利用しており、渡り鳥の中継地としての重要性が種数・個体数の多さからよくわかる。

一般に観察機会の多くないトモエガモ、シマアジ、ヨシガモ、アマサギ、カンムリカイツブリ、サルハマシギなども時折出現して観察者を喜ばせている。オオハクチョウや淡水ガモ類などの中には越冬するものもいる。

また、沼周囲の灌木林や草原ではセンダイムシクイやノゴマ、カッコウ、キビタキ、アカハラ、エゾセンニュウ、オオジュリン、キジバトそしてチュウヒなどの夏鳥に加えカラ類、キツツキ類といった留鳥も繁殖する。

真冬のウトナイ湖畔（1月上旬）

●お目当ての鳥：マガン、ヒシクイ（亜種オオヒシクイ）、オオワシ、ハイタカ　●時期：

1	2	3	4	5	6	7	8	9	10	11	12

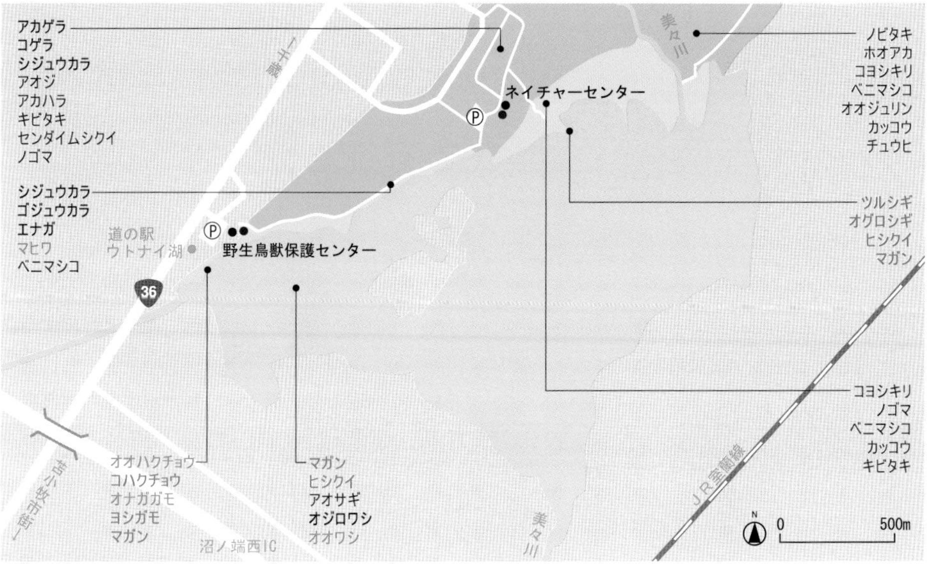

●トイレ　Ⓟ駐車場

日本野鳥の会ネイチャーセンター

ウトナイ湖野生鳥獣保護センター

ヨシガモ

センダイムシクイ

MEMO

◎秋から春の水鳥観察には道の駅ウトナイ湖から湖畔に出た場所からネイチャーセンターまでの遊歩道を歩くのが一般的。初夏はサンクチュアリ内にいくつか設けられた「小道」を散策しながらの探鳥がよい。

◎ウトナイ湖は日本野鳥の会の第1号バードサンクチュアリ（野鳥の聖域）が1981年に設置された場所。2002年には国設の野生鳥獣保護センターもオープンし、一般市民が野鳥保護に親しめる施設がそろっている。2009年にオープンした道の駅ウトナイ湖でもその地域特性を生かした展示などが行われている。

◎野生鳥獣への給餌の弊害を考慮し、ウトナイ湖ではオオハクチョウなどへの餌やりは組織的には2008年以降行われていない。

●装備など

●カテゴリー

ガン類／淡水ガモ類／アイサ類／ハクチョウ類／カイツブリ類／シギ・チドリ類／サギ類／ワシタカ類／小型ツグミ類／ホオジロ類　など

●アクセス情報

◎ネイチャーセンターへは、JR室蘭線苫小牧駅前から道南バス「新千歳空港行き」で「ネイチャーセンター入口」下車、徒歩約15分。鳥獣保護センターへは苫小牧市営バス「植苗線」で「ウトナイ湖」下車。

◎車の場合、道央自動車道苫小牧東ICより約4㎞。

●探鳥会

北海道野鳥愛護会の主催で行われる。日本野鳥の会苫小牧支部や室蘭支部の主催で行われる。

●施設

日本野鳥の会ネイチャーセンター（TEL 0144-58-2505）

国設ウトナイ湖野生鳥獣保護センター（TEL 0144-58-2231）

さえずるコヨシキリ。湖周辺の原野では草原性の小鳥が多数繁殖する(6月中旬、ウトナイ湖)

時にはヒシクイ（亜種オオヒシクイ）が越冬することもある

北海道大学苫小牧研究林

所在地:苫小牧市高丘

本州のバードウオッチャーにも人気 年間を通して森の鳥が数多く見られる身近な場所

苫小牧市街地の郊外に位置する平地林で、ミズナラやカエデ類などを主体とする広葉樹林と、カラマツ、トドマツなどの人工林からなる。大学の研究林でありながら調査研究だけでなく一般市民の休養緑地としての役割を併せ持つ都市近郊林である。

総面積は2,700ha余もあるが、入り口付近の3haほどの「樹木園」には誰でも自由に立ち入ることができ、たくさんの野鳥が見られる場所として古くから親しまれている。ここでご紹介する場所も、立ち入り自由の樹木園エリアだ。

年間を通してさまざまな鳥が見られるが、探鳥が特に楽しめるのは冬と初夏である。樹木園の構内には野鳥のための餌台がいくつか設けられていて、カラ類、キツツキ類やヒヨドリ、カケスのほか、一般的な冬鳥は冬ならひと通りいつでも見られる。

さらにミヤマホオジロやカシラダカが観察しやすく、時にクマゲラやイスカ、エゾライチョウ、ハイタカも出現する。構内を流れる清流、幌内川の水辺にはヒドリガモ、マガモ、ハシビロガモ、ホオジロガモなどが多く、ヤマセミやミサゴ、オジロワシが現れることもある。

初夏の森ではキビタキやオオルリ、ニュウナイスズメ、アオジ、イカル、キセキレイなどが美声を響かせる。

なお、林道に入る場合は入林許可が必要になるが、一般的な探鳥は樹木園の一帯だけで十分に楽しめる。

幌内川の清流にはいくつか池が設けられている(6月中旬)

●お目当ての鳥：クマゲラ、フクロウ、ミヤマホオジロ、エゾライチョウ　●時期：1 2 3 4 5 6 7 8 9 10 11 12

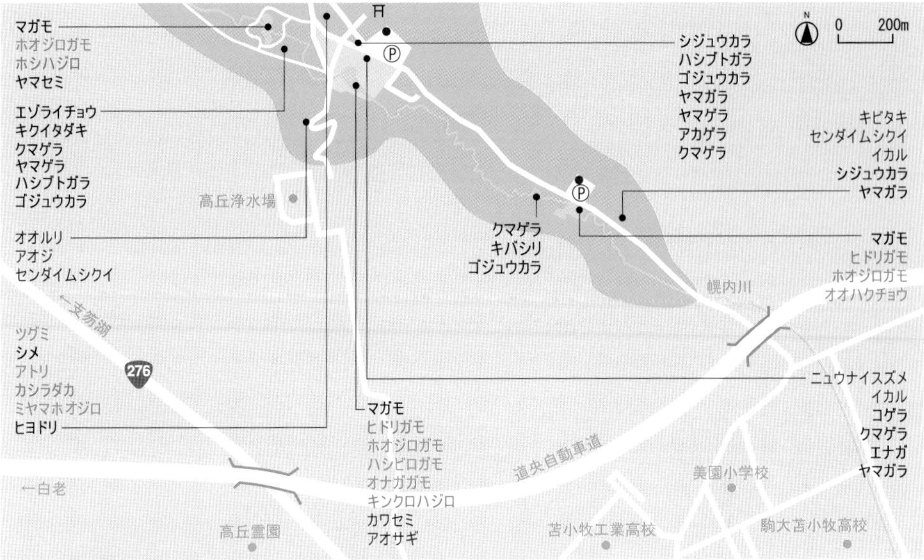

●トイレ　Ⓟ駐車場

研究林の入り口（6月中旬）

MEMO

◎この森は、かつては演習林と呼ばれていた。本州方面からフェリーで北海道を訪れるバードウオッチャーの間では苫小牧港で下りて最初に訪れる場所として「苫小牧の演習林」が定番になっている。今は正式名称は「北海道大学北方生物圏フィールド科学センター森林圏ステーション苫小牧研究林」という。北大に7つある研究林のひとつである。

◎クマゲラは冬季にしばしば姿を現すほか、樹木園内の人目につきやすい場所で繁殖することもある。そういう場合はたくさんの人が観察、撮影に訪れるが、くれぐれも繁殖に悪影響の出ないように十分に配慮して観察したいものだ。

●装備など

●カテゴリー

カラ類／キツツキ類／ホオジロ類／アトリ類／淡水ガモ類／海ガモ類／カイツブリ類／ヒタキ類／小型ツグミ類／大型ツグミ類／ウグイス類／カワセミ類／エゾライチョウ　など

●アクセス情報

◎JR室蘭線苫小牧駅前から苫小牧市営バス「永福（三条）交通部線」で「美園小学校前」下車、徒歩約20分。

◎車の場合、道央自動車道苫小牧東ICから約12km。

●探鳥会

日本野鳥の会苫小牧支部や室蘭支部の主催で行われる。

ツグミ

夕方の森に姿を現わしたツツドリ。托卵相手を探しているのだろうか（6月上旬、北大苫小牧研究林）

池の周辺にヤマセミが現れるのは秋から冬が多い(11月下旬、北海道大学苫小牧研究林)

池には海ガモ類も入る。写真はホオジロガモ(12月中旬、北海道大学苫小牧研究林)

ポロト自然休養林

所在地：白老郡白老町

キビタキ

湖と、湿地と、良質な広葉樹林
懐の深い自然の地で楽しむ野鳥散策の楽しみ

白老の代表的自然探勝地であるポロト湖は、周囲約４km、面積33haほどの静かな湖だ。湖の入り口に当たる南岸にはアイヌ民族の集落を再現したポロトコタンがある観光地だが、湖の奥には湿原が広がり、さらにその奥に広葉樹を主体とした良質な自然林の丘が広がっている。野鳥観察はこの湿地帯と広葉樹林で存分に楽しむことができる。

森林環境が主体であるだけに、広葉樹の葉が繁る前の５月前半が最も楽しめる。湖の西岸の道を奥へと車を進ませると、アカハラやクロツグミが車道にまで降りているのを何度も見かける。さらに進んで高速道路の高架下を通り抜けた所にある駐車場に車を置き、気ままに歩きながら鳥を探してみよう。ビジターセンター周辺を歩くだけでもクロツグミ、キビタキ、アオジ、センダイムシクイ、コサメビタキなどの夏鳥が頻繁に姿を見せ、また歌声を聞かせてくれる。まだ明けきらない早朝であればトラツグミの声も聞こえてくる。アカゲラ、ヤマゲラ、コゲラなどのキツツキ類や、シジュウカラ、ヤマガラ、ヒガラなどのカラ類も加わり、森はにぎやかだ。特にアカゲラは個体数が多い。湿地の端やちょっとした芝生にも複数のアカハラが虫を探して歩いている。

湿原の木道を行けば木の枝にキビタキ、水面近くにカワセミやキセキレイがいる。オオルリなどのさえずりも聞こえ、清々しい空気の中、気持ちのよい野鳥散策が楽しめる。

南岸から見たポロト湖（５月上旬）

●お目当ての鳥：クロツグミ、アカハラ、トラツグミ、キビタキ、アカショウビン　●時期：1 2 3 4 5 6 7 8 9 10 11 12

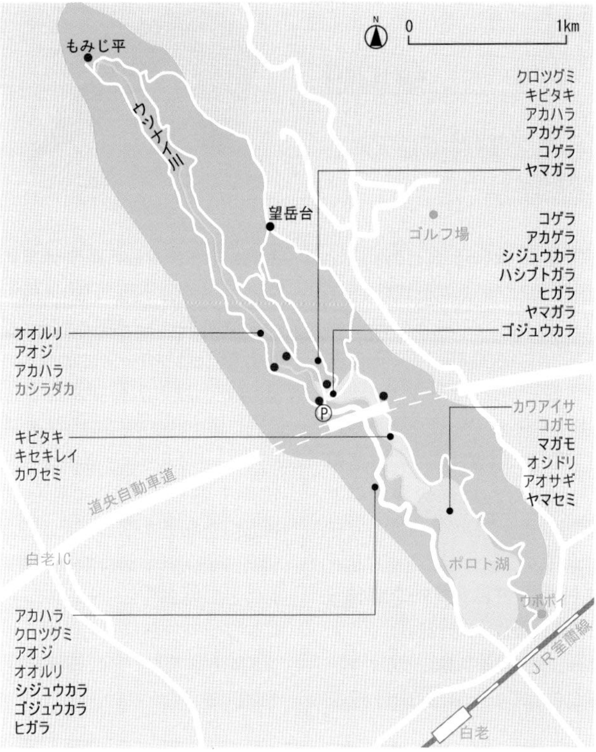

●トイレ　Ⓟ駐車場

●装備など

●カテゴリー

大型ツグミ類／ウグイス類／小型ツグミ類／ホオジロ類／ヒタキ類／カワセミ類／カッコウ類／セキレイ類／アトリ類／フクロウ類／タカ類／キツツキ類／カラ類／淡水ガモ類／カイツブリ類／アイサ類／海ガモ類／シギ類／サギ類／クイナ類／カワガラス／ミソサザイ／ヒヨドリ／ハト類　など

●アクセス情報

◎JR室蘭線白老駅から徒歩約７分で湖入り口。そこから湿地帯までは徒歩約20分。

◎車の場合、道央自動車道白老ICから白老駅方面へ向かい、約４kmで駐車場へ。

●施設

ポロトの森ビジターセンター（TEL 0144-85-2005）

●探鳥会

日本野鳥の会室蘭支部や苫小牧支部の主催で行われる。

巣箱を利用するヤマガラ（５月上旬）

キバシリ

アカハラ

MEMO

◎５～６月の繁殖期に100種近くの鳥が生息する。湿地帯と湖畔の水辺環境も含めると、オオジシギ、イソシギ、アカエリヒレアシシギ、アカエリカイツブリも期待できる。

◎秋、春の渡りの時期には湖にコガモ、マガモ、オシドリなどの淡水ガモ類やカワアイサなどが、また湖畔にはアオサギや時にはチュウサギ、アマサギも見られる。ヤマセミは通年観察の可能性がある。

◎冬は、森にスキーで入ればカラ類、キツツキ類などが間近に見られる。キバシリやエナガなどは冬の方が観察しやすい。また湖畔ではダイサギも近年は晩秋や初冬に普通に見られる。林内を流れるウツナイ川ではカワセミの越冬例もある。

◎ポロト湖南岸に「民族共生象徴空間（ウポポイ）」がオープン予定。アイヌ文化復興・創造の拠点に位置付けられる国立アイヌ民族博物館・国立民族共生公園などから成る。探鳥の後に立ち寄ることをお勧めしたい。

地球岬／測量山

所在地：室蘭市母恋南町、清水町

ハヤブサ

観光客の眼前で繰り広げられる野生のドラマ 国内有数の渡り中継地の魅力

室蘭の市街地がある絵鞆（えとも）半島は、太平洋（内浦湾）に面する海岸線の断がい絶壁が独特な景観を織り成すことで名高い。高さ100mほどもあるがけが約13kmも続き、ハヤブサの全国屈指の営巣地として知られている。特に一大観光地でもある地球岬は鳥たちの渡りルート上にあることも有名で、季節には多くの鳥たちが渡っていく姿が見られる。そしてそれをねらうハヤブサのハンティングの様子も観察できるエキサイティングな探鳥地である。秋の渡りの10月ごろ、ヒヨドリやカラ類が群れをなして意を決したように海上へ飛び出す様子は感動的だが、その群れに襲いかかるハヤブサの狩りもドラマチックだ。岬では夏場にはアマツバメやイワツバメが飛び交う。また、地球岬緑地の遊歩道はカタクリやキクザキイチゲの咲くころ、ルリビタキなどが渡り途中で翼を休める場所となっているようで興味深い。

一方、絵鞆半島のランドマークとなっている測量山は標高200mの高台から半島全体を見渡せる場所であり、こちらはハチクマやオオタカ、ノスリ、ツミなどタカ類の渡りコースとなっている。また山腹の広葉樹林は5月ごろにはキビタキ、クロツグミ、ウグイス、オオルリなど夏鳥たちの美声で満ちあふれ、市街地に隣接した身近な探鳥地としての価値が高い。カラ類やキツツキ類などの留鳥ももちろん多く、冬にはウソやマヒワなども見られる。森林性の鳥たちの重要な生息地である。

地球岬からの眺望（9月下旬）

●お目当ての鳥：ハヤブサ、アマツバメ、ハチクマ、ツミ　●時期：1 2 3 4 5 6 7 8 9 10 11 12

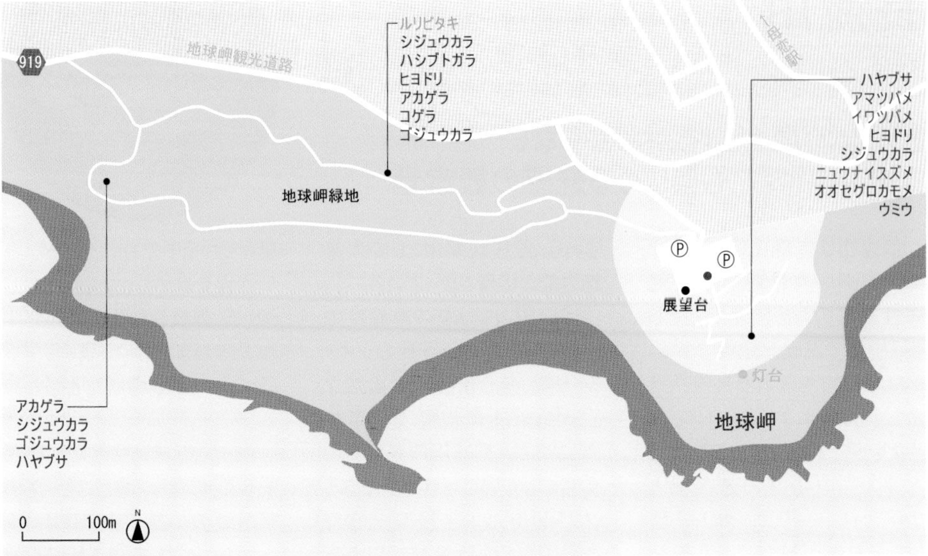

●トイレ　Ⓟ駐車場

測量山の登山道（９月下旬）

MEMO

◎地球岬の展望台は一般観光客が多い。静かに探鳥を楽しむには観光客の少ない早朝がねらい目。

◎地球岬展望台の歩道や周辺の園地はがけ地に出られないよう柵で囲われている。がけからの転落事故を防ぐため柵から絶対に出てはいけない。

◎タカの渡りを見るには測量山の山頂が絶好のポイント。女測量山も山頂がよい。なお、測量山の遊歩道は傾斜地であり、軽登山の装備だと心強い。

◎測量山の南西に位置するマスイチの展望台もハヤブサの観察や鳥たちの渡りの様子を見るのに適している。

●装備など

●カテゴリー

ハヤブサ類／ワシタカ類／アマツバメ類／ツバメ類／カラ類／ヒヨドリ／メジロ類／スズメ類／ホオジロ類／ムクドリ類／ウグイス類／カモメ類／ウ類／ワシタカ類／ヒタキ類／大型ツグミ類／キツツキ類／小型ツグミ類／アトリ類　など

●アクセス情報

◎地球岬へはJR室蘭線母恋駅から約2.5km、徒歩約40分。または室蘭駅から道南バス「地球岬団地」行きで終点下車、徒歩約15分。

◎車の場合、道央自動車道室蘭登別ICから国道36号室蘭新道（通行無料）の御前水から母恋駅前経由で地球岬へ。

◎測量山へはJR室蘭線室蘭駅から約１km、徒歩約15分。

●探鳥会

日本野鳥の会室蘭支部の主催で行われる。

長流川

所在地：伊達市長和町、館山下町

カワアイサ

どんな珍鳥が出るかわからない 1年中いつでも楽しめる魅惑の観察地

伊達市は有珠山によって北風が遮られ、内浦湾に面した海洋性気候のために北海道としては少雪で温暖な地域である。そのためここを流れる長流川は冬も全面結氷することはほとんどなく、河口周辺はカモ類など水鳥たちの格好の越冬地となっている。一見、コンクリート護岸など自然が破壊された部分が目立ち、野鳥が多い場所のようには見えないが、実際は河口付近を中心に川とその周辺で230種以上の鳥が確認されており、野鳥観察地として大変魅力的な場所となっている。

河口周辺では夏の草原性の小鳥たちをはじめ、春秋のシギ・チドリ類、冬の水鳥や猛禽(もうきん)類などを中心に1年を通して探鳥が楽しめるが、長流川の名を一躍有名にしたのはオオカラモズ、ツクシガモ、ツバメチドリ、ハジロコチドリなどの珍鳥がここ10年ほどの間に次々に記録されたことだ。近年極めて少なくなったサンカノゴイも2006年に出現したことから、自然環境が人為的に変えられる中でもいろいろな鳥が活路を求めているものと感じられる。継続して丹念に観察すれば、まだまだ珍しい鳥、希少な鳥が見つかる場所だと思われる。

さらに、近年はマガンが越冬するようになってきたこと、夏の草原性の小鳥の中ではオオヨシキリがとても多いこと、ミヤマガラスの群れに交じって毎冬のようにコクマルガラスが観察されることなど、興味深い事例に事欠かない。

河口右岸の草原（7月上旬）

●**お目当ての鳥：**オオヨシキリ、コクガン、ケアシノスリ、コクマルガラスなど ●**時期：** 1 2 3 4 5 6 7 8 9 10 11 12

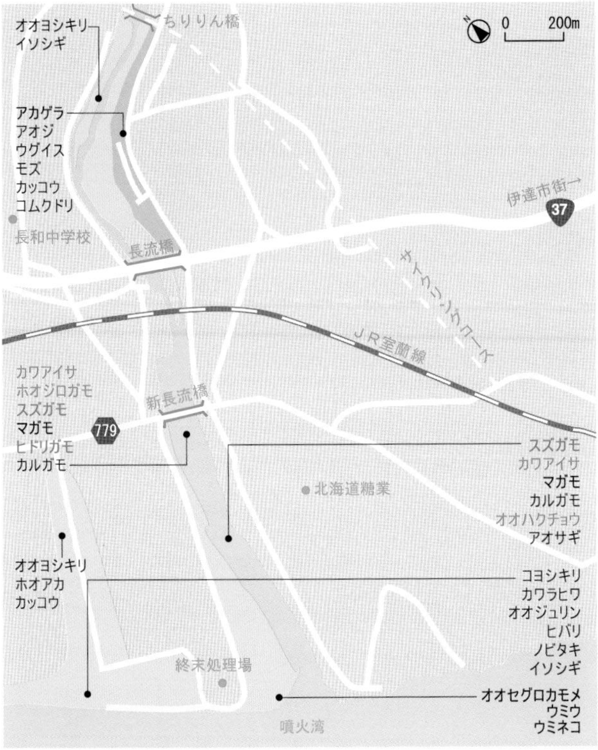

●**装備など**

●**カテゴリー**

シギ・チドリ類／サギ類／ウ類／淡水ガモ類／海ガモ類／アイサ類／ガン類／ハクチョウ類／アビ類／カイツブリ類／クイナ類／ホオジロ類／ウグイス類／小型ツグミ類／ヒバリ類／アトリ類／ワシタカ類／ハヤブサ類／フクロウ類／カモメ類／カワセミ類／キツツキ類／ツバメ類／セキレイ類／スズメ類／ムクドリ類　など

●**アクセス情報**

◎JR室蘭線伊達紋別駅から道南バス「洞爺湖温泉行き」「大滝東団地行き」「倶知安行き」「豊浦シオサイ行き」で「長和中学校前」下車、徒歩約15分。

◎車の場合、伊達市街から国道37号で長流橋を渡り左折。市街中心部から約３km。道央自動車道伊達ICからは約６km。

●**探鳥会**

日本野鳥の会室蘭支部主催で行われる。

新長流橋から上流方向を望む（７月上旬）

長流川河口から６kmほど豊浦寄りのアルトリ海岸

オオセグロカモメ

MEMO

◎コクマルガラスには淡色型も数羽含まれ、数は増加傾向にある。ミヤマガラスとともに長流川河口周辺の田畑で11月から３月ごろにかけて見られる。

◎秋から冬にかけて川を遡上（そじょう）するサケが多数見られ、長流橋からちりりん橋の間の浅瀬ではそれを多数のオオセグロカモメがついばむ様子が見られる。

◎長流川から５kmほど西側の恋人海岸からアルトリ岬にかけての砂浜は春秋のシギ・チドリ類、冬のコクガンや海ガモ類などの探鳥地として面白い。ショウドウツバメの繁殖も見られる。

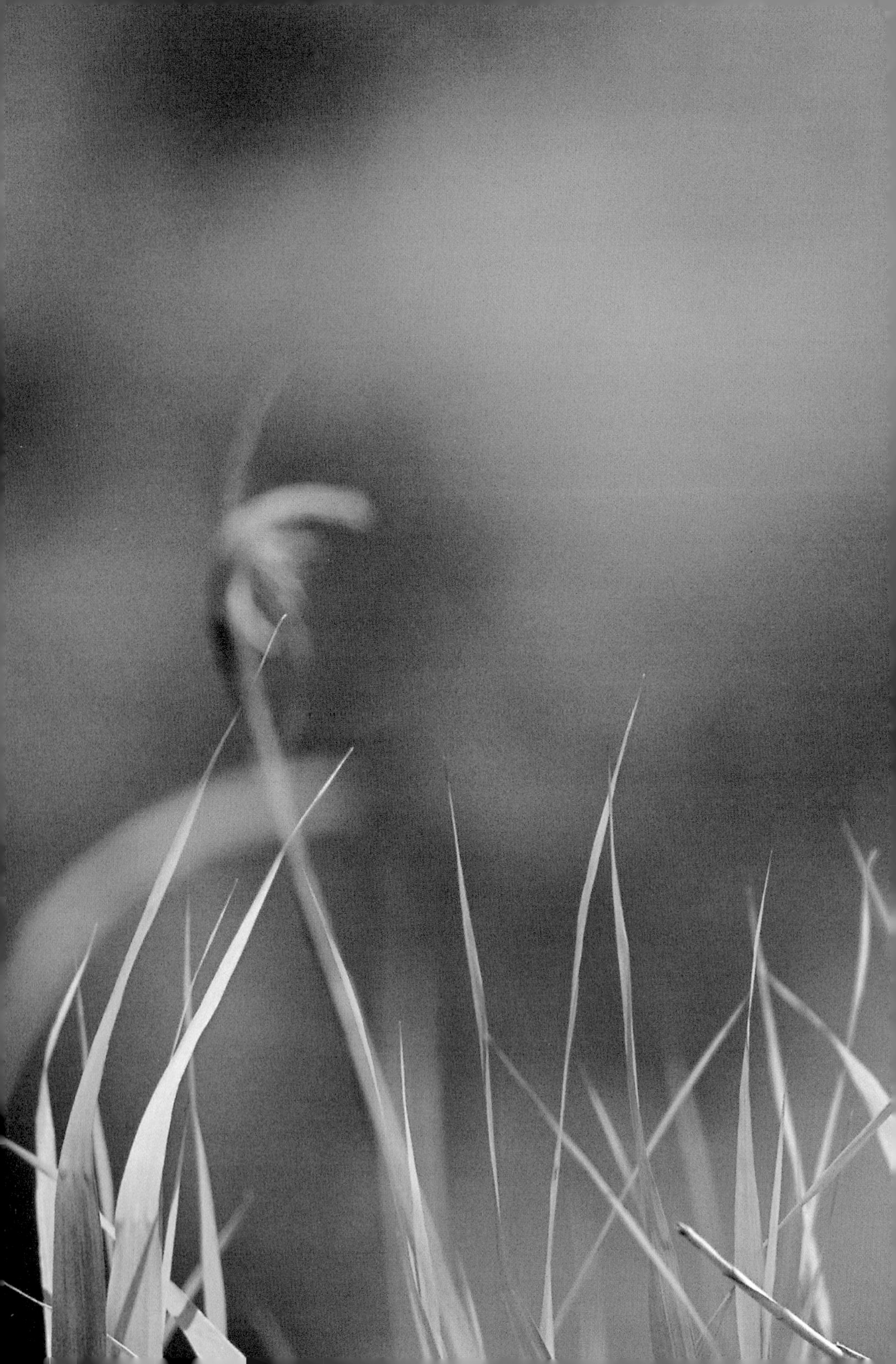

河畔の草原にはオオヨシキリが多い（7月上旬、長流川）

遊楽部川

所在地：二海郡八雲町

シギ・チドリ類からワシタカ類まで 森林性以外の鳥はほとんどすべて見られる

道南随一のオオワシ、オジロワシの観察地として有名な川だが、遊楽部川の魅力はワシだけではない。ここでは１年を通して多種多様な鳥が見られる河口をご紹介する。

探鳥ポイントとしてはずせないのが、国道５号の八雲大橋のたもとから右岸沿いに海岸へ向かう築堤だ。車１台分の幅の未舗装道で、すぐそばに川の細い分流を見下ろす形で進む。少し先で左にカーブし遊楽部川本流に合流するこの水域は、流れがゆるやかなためかいつも水鳥が多い。秋から冬にかけてキンクロハジロやカイツブリなどが至近距離で見られる。警戒してはいるが、車から降りなければ飛ぶほどではない。アオサギももちろん常連で、最近ではダイサギもずいぶん見かけるようになっている。そして、こうした水鳥を狙うオオタカも頻繁に姿を現す。築堤を進み、海岸へ出たら中州や対岸にカモメ類はもちろん、季節によってシギ・チドリ類やカモ類が見つかるだろう。冬にはベニヒワやユキホオジロも出現するほか、クロツラヘラサギやコアホウドリなど珍鳥が見つかることもある。

一方、左岸は初夏の草原性の小鳥の観察ポイントだ。ノビタキ、ホオアカ、コヨシキリなどをやはり築堤上を車を走らせながら観察できる。小さな池や川にはカワセミがいることもある。８月から10月ごろならシギ・チドリ類、11～12月なら淡水ガモ類も多い。５月にセイタカシギやタゲリなどの観察例もある。

八雲大橋から河口方向を望む（11月下旬）

●お目当ての鳥：オオワシ、オジロワシ、ベニヒワ、ユキホオジロ、オオタカ　●時期：1 2 3 4 5 6 7 8 9 10 11 12

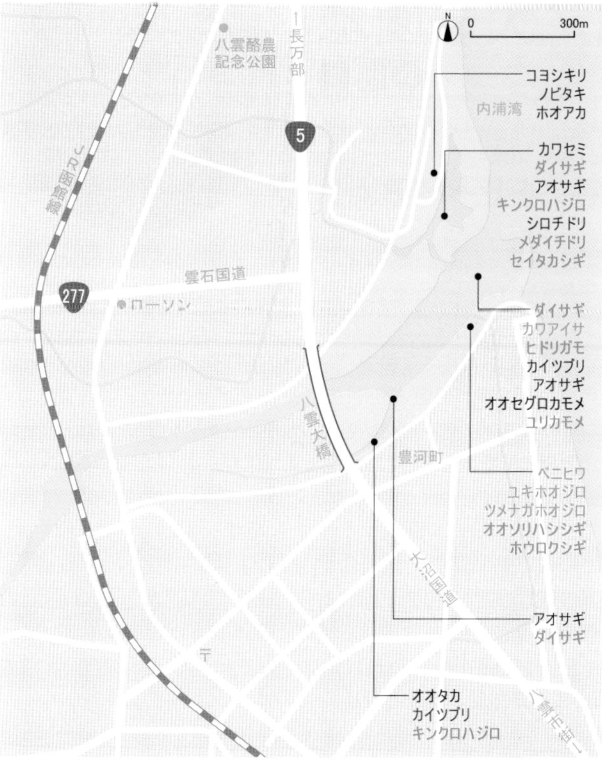

●装備など

●カテゴリー

サギ類／海ガモ類／アイサ類／淡水ガモ類／カモメ類／カイツブリ類／シギ・チドリ類／小型ツグミ類／ホオジロ類／アトリ類／ワシタカ類／ハヤブサ類／トウゾクカモメ類／アビ類／アカエリヒレアシシギ　など

●珍しい鳥の記録

クロツラヘラサギ、コウノトリ、コアホウドリ　など

●アクセス情報

◎JR函館線八雲駅から徒歩約30分。車で移動しながら探鳥した方が効率がよく、車の使用をお勧めする。

◎車の場合、道央自動車道八雲ICから国道5号経由で約3km。

●探鳥会

日本野鳥の会道南檜山支部主催で冬に行われる。

河口ではカモメ類やカモ類など多数の水鳥が見られる（11月下旬）

タカブシギ

ダイサギ

冬の遊楽部川中流。河口から数kmの地点（2月下旬）

MEMO

◎オオワシ、オジロワシは、冬に国道277号や今金方面へ川沿いにさかのぼれば、中上流域の随所で枝に止まった姿が見られる。餌場へ無理に近づこうとしないこと。

◎右岸の海岸を除き、ここでご紹介した場所はすべて車の中からの観察を想定している。鳥を驚かさないためには車から降りないことが鉄則であり、また数多くの鳥を見るためにも当地では車での探鳥をお勧めしたい。

大沼森林公園／大岩園地

所在地：亀田郡七飯町大沼町

フクロウ

明るい二次林と成熟した深い森
ふたつの観察地の鳥の違いを比べてみよう

駒ケ岳とその山ろくに点在する大沼、小沼、蓴菜沼の一帯は古くから風光明媚な景勝地として名高く、1958（昭和33）年に国定公園に指定された。その中核地域とも言える大沼の周辺には随所に野鳥の見どころがあるが、ここでは北岸で楽しめる観察地として大沼森林公園と大岩園地を紹介したい。

大沼森林公園は大沼の北西岸に位置する二次林だ。ハルニレ、ミズナラ、トチノキなどの広葉樹が多いが、全体に木々は若く細いため森全体が明るい印象を受ける。一方、大岩園地は森林公園より少し東側の湖岸に張り出した小さな半島で、大木や朽ちかけた老木が目立つ。トクサの多いじめじめした林床と相まって、うっそうとした雰囲気の年季の入った森である。ここでは、こうした対照的なふたつの森で鳥を観察し、出現する鳥の種類がどう違うのか比べる趣向が楽しめる。一方で見られても他方で見られない鳥は何か、また双方に共通する種は何か、その理由を考えることは楽しく、鳥をより深く知ることに役立つはずだ。

森林公園の園内ではキビタキやアカハラなどの夏鳥とカラ類、キツツキ類などの留鳥が数多く見られ、クマゲラもしばしば現れる。また、人気者のエナガ（亜種シマエナガ）も年間を通して生息しており、どの季節でも観察可能性がある。なお、この周辺でかつて毎年繁殖していたアカショウビンは近年全く姿を見せなくなってしまった。

大岩園地の遊歩道とカワセミの棲む沼（6月中旬）

●お目当ての鳥：アカショウビン、フクロウ、クマゲラ、カワセミ、バン　●時期：

1	2	3	4	5	6	7	8	9	10	11	12

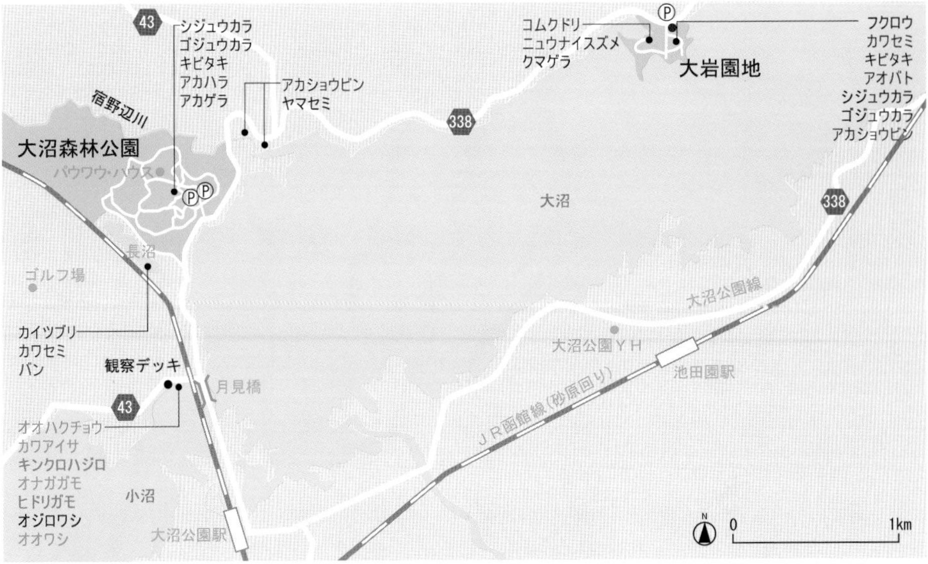

●トイレ　Ⓟ駐車場

秋は紅葉の名所となる大沼森林公園（10月下旬）

大沼森林公園パウワウ・ハウス前（10月中旬）

クマゲラ

●装備など

●カテゴリー

カワセミ類／フクロウ類／キツツキ類／クイナ類／サギ類／ヒタキ類／カラ類／大型ツグミ類／ウグイス類／カッコウ類／小型ツグミ類／スズメ類／淡水ガモ類／カイツブリ類　など

●アクセス情報

◎JR函館線大沼公園下車、徒歩約20分で森林公園入り口。大岩園地へはそこから徒歩約30分。

◎車の場合、函館市街中心部から函館新道国道5号経由で約28km。札幌方面からは道央自動車道大沼公園ICから国道5号と道道43号。

●探鳥会

日本野鳥の会函館支部主催で行われる。

MEMO

◎アカショウビンは例年５月中旬から６月上旬までディスプレイや求愛給餌といった繁殖行動が観察しやすい。その後抱卵期間を経て７月に入ると育雛（いくすう）行動が見られるようになる。

◎大沼と小沼の境目に当たる月見橋付近は冬のオオハクチョウ観察地として観光客にも人気がある。カワアイサやキンクロハジロなども見られる。春秋の渡りの季節にはオナガガモ、ヒドリガモ、カルガモなどの淡水ガモ類が増え、オカヨシガモやミコアイサが入ることもある。またオオワシ、オジロワシも春先にしばしば出現する。

アカゲラの繁殖シーン。雄（右）が虫をくわえて巣に戻ると、先に雛へ給餌していた雌が巣穴から飛び出した（6月中旬、大沼森林公園）

函館山／函館湾

所在地：函館市函館山

渡り途中のルリビタキ、エゾビタキ、サメビタキ…夜景を見るより楽しい野鳥観察

函館山は標高わずか334mにすぎない小さな山だが、主峰の御殿山のほか、つつじ山、水元山など12ものピークが連なる複雑な山容を持つ。もともと島だったが海流によってできた砂州が北海道本島とつないで現在の形を作ったという。かつて、軍の要塞として日露戦争から太平洋戦争の終結時まで長期にわたって一般人の立ち入りが禁じられていた場所でもあり、そのため結果として貴重な植生などの自然が守られた経緯がある。今では夜景などの観光の山であると同時に自然観察や散策などの場として広く市民に親しまれている。鳥たちにとっては大切な繁殖地であり、また春秋の渡り中継地としても大きな役割を果たしている。

春から初夏にかけて、渡ってきたばかりのオオルリ、コマドリ、クロツグミなどが山ろくの管理事務所付近から間近に見られる。山中へ進めばキビタキやセンダイムシクイ、コルリなどのさえずりが聞こえる。また、渡り途中のルリビタキが多いことも特徴だ。つつじ山周辺ではノビタキやホオアカなど草原性の小鳥が現れ、千畳敷方面へ向かえばメジロ、ホオジロ、ビンズイなど林縁を好む鳥が見られる。

一方、冬は函館湾でコクガンを見たい。この一帯は何といってもコクガンの一大越冬地で、沿岸の随所で見られるが、特に北斗市茂辺地から木古内町周辺が観察頻度が高い。コクガンはガン類としては唯一海にすむ鳥で、国の天然記念物。

函館山（御殿山付近）からの眺望（6月中旬）

●お目当ての鳥：ルリビタキ、コマドリ、コクガン　●時期：1 2 3 4 5 6 7 8 9 10 11 12

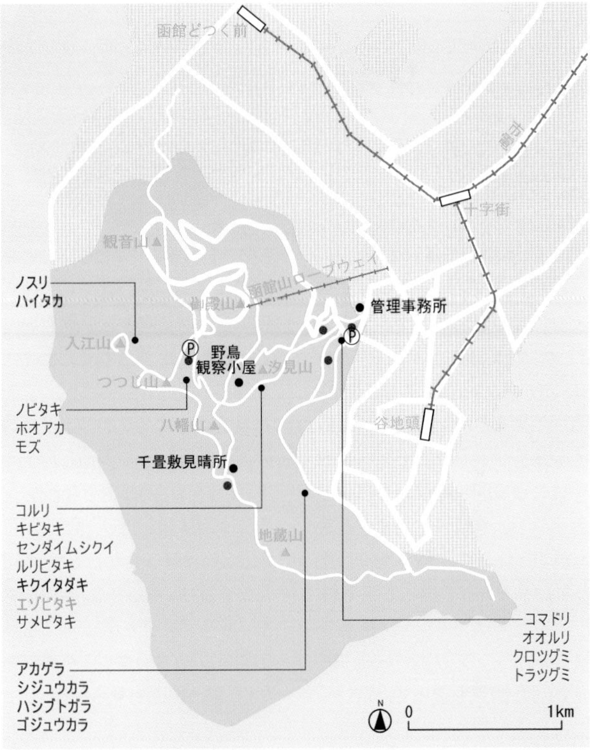

●トイレ　Ⓟ駐車場

●装備など

●カテゴリー

小型ツグミ類／ヒタキ類／大型ツグミ類／ウグイス類／ホオジロ類／セキレイ類／メジロ類／タカ類／フクロウ類／アトリ類／ヒヨドリ類／ムクドリ類／ハヤブサ類／カモメ類／ガン類／キツツキ類／カラ類　など

●アクセス情報

◎JR函館線函館駅から函館市電「谷地頭」行きで「宝来町」下車、徒歩約10分で登山口。

◎車の場合、函館市街中心部からロープウェイ乗り場付近まで約２km。函館山管理事務所前に駐車場があるが手狭。とめられないときは山頂近くのつつじ山駐車場を利用。

●施設

函館山管理事務所（TEL 0138-22-6789）

●探鳥会

日本野鳥の会函館支部の主催で行われる。

旧登山道コース（６月中旬）

コクガン

つつじ山へ向かう遊歩道では文字どおりヤマツツジが目を楽しませてくれる（６月中旬）

MEMO

◎ルリビタキは、春は４月下旬から５月中旬、秋は10月下旬から11月上旬に多い。特に秋には個体数が多く集中する。

◎秋の渡りの時期にはヒタキ類も観察のチャンスが多く、エゾビタキ、サメビタキなどが９月中旬以降によく見られる。

◎函館山は春の野の花の名所でもあり、特にスミレ類の種類が多いことで知られている。また、登山道にはシマリスやキタキツネもよく現れる。

◎コクガンは本文記載の場所以外でも、津軽海峡側では西は知内町から福島町、松前町まで越冬地がある。東側は恵山地区まで断続的に見られる。さらに南茅部地区などにも越冬地がある。

白神岬

所在地:松前郡松前町白神

北海道の最南端から本州へ渡る鳥たち 自然のドラマを間近に見る感動

鳥たちの渡りの名所として白神岬の存在感はきわだっている。秋、北海道最南端のこの岬から鳥たちは海へと飛び出していく。対岸の陸地、青森県の竜飛崎まで距離は19kmほどしかないとはいえ、鳥たちの小さな体から見れば津軽海峡はよりどころのない大海原だろう。対岸の陸地まで飛び続けられなければ死が待っている。身の危険を冒してまで海を渡らなければならないのはなぜか。鳥たちの渡りの神秘性を感じざるを得ない自然のドラマの現場である。

8月後半になるとセンダイムシクイやコルリ、メボソムシクイなどが渡っていく。9月中旬からはコサメビタキ、ヤブサメなど、10月に入るとカラ類やメジロの渡る様子が見られる。そしてヒヨドリは1,000羽もの群れを作って渡っていく。意を決したように海へ飛び出しても、恐れをなしたのかUターンして戻って来る群れもあり、鳥たちの心の葛藤(かっとう)を見るようだ。シジュウカラやヒヨドリといった留鳥も渡っていくこと、さらには亜種ミヤマカケスなど本州には生息しないはずの鳥もここに現れ海に向かって飛び出していく様子が見られることは大変興味深い。

見応えがあるのはワシタカ類の渡りで、9月に入るとハチクマ、オオタカ、ハイタカなどが渡る。ノスリは特に多く、数千羽にも及ぶ。イヌワシなども含め11月まで渡りは見られる。時にはハヤブサやオオタカがヒヨドリを襲う場面、ハイタカやツミがカラ類などを襲う場面も見られる。

白神岬から南方を見る。対岸に見える陸地は青森県・竜飛崎だ(11月下旬)

●お目当ての鳥：ヒヨドリ、シジュウカラ、メジロ、ハチクマ、ノスリ　●時期：1 2 3 4 5 6 7 8 9 10 11 12

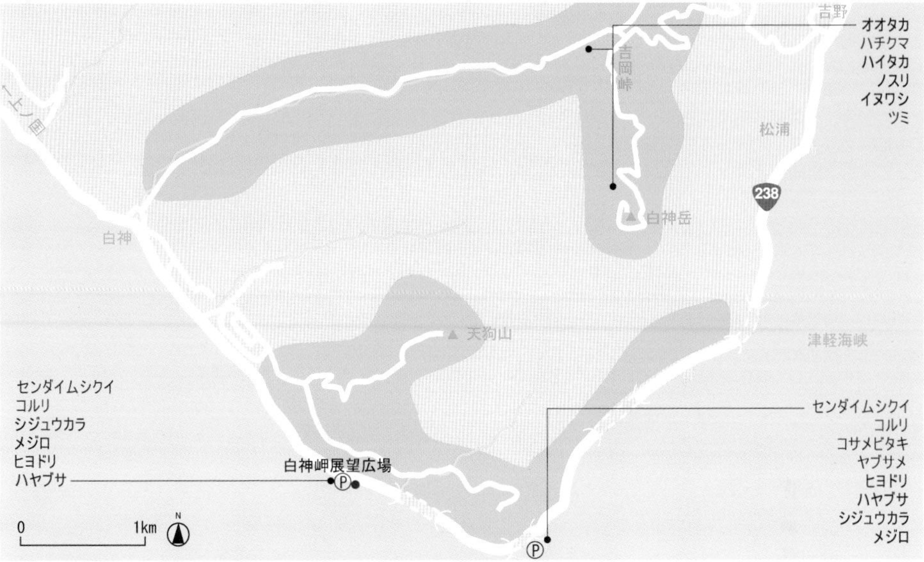

●トイレ　Ⓟ駐車場

吉岡峠付近から函館方向を望む（11月下旬）

MEMO

◎観察には、国道228号の白神岬駐車スペースとそこから２kmほど松前寄りの白神岬展望広場を利用する。後者にはトイレ、ベンチやあずま屋もあり、海辺にも降りられる。渡りピークの10月ごろには１日に何万羽もの鳥が渡り、どちらの駐車帯でも海へ飛び出すヒヨドリの群れが観察できる。

◎ワシタカ類の渡り観察には白神岳（352m）の頂上付近やその手前の吉岡峠がよい。白神岳へは白神岬より6kmほど木古内寄りの福島町吉野から林道に入り、吉岡峠を経て山頂へ行ける。松前側は白神から沢沿いに林道へ入れる。ただし林道は悪路で、4輪駆動車以外での通行は危険なのでお勧めできない。

◎1990年ごろから白神岬、天狗山で継続的に鳥類標識調査が行われ、種類や個体数などの基礎データが蓄積されてきた。2001年以降、くちばしの変形など奇形のある個体も毎年見つかり原因究明が求められるなど、鳥類の生態研究につながる発見もある。

●装備など

●カテゴリー

ヒヨドリ類／カラ類／メジロ類／ウグイス類／小型ツグミ類／大型ツグミ類／ムクドリ類／モズ類／ヒタキ類／カラス類／ワシタカ類　ほか

●珍しい鳥の記録

シベリアムナフオオギセッカ、シロハラホオジロ、ヤマヒバリ、ナキイスカ　など

●アクセス情報

◎JR木古内駅から函館バス「松前行き」で「白神岬」下車。

◎車の場合、函館市街中心部から国道228号を松前方向へ約90km。

南へ渡っていくノスリ（９月下旬）

白神岬から対岸の竜飛崎へ向かって渡るヒヨドリの群れ。
大いなる自然のドラマだ（10月下旬）

ヨコスト湿原
よこすとしつげん

白老町の市街地の東側にある海岸沿いの小規模な低層湿原。沼地、湿地、砂丘、草原といった多様な環境が残され夏はノビタキやオオジシギなど草原性の鳥の繁殖地となり、冬はコミミズクやオオワシ、オジロワシなど猛禽が出現し、北海道では夏鳥であるはずのアオサギが越冬する。春秋にはオオハクチョウやマガン、ヒシクイなどガン類も見られ、シジュウカラガンやアビの記録もある。

●白老郡白老町日の出町●JR白老駅から約2km●駐車場なし●トイレなし●時期:通年

砂崎岬
すなざきみさき

渡島半島東部の噴火湾に面した岬。シロハヤブサが毎年のように渡来することで一躍有名になった場所。ハイイロチュウヒやケアシノスリも見られるが、周囲の牧草地も含め猛禽(もうきん)類の行動範囲は広く、簡単には見つからない。冬の海辺では海ガモ類も多い。小さな沼が点在する草原には春秋の渡りの時期にはシギ・チドリ類が見られる。また、初夏には草原性の小鳥が繁殖する。

●茅部郡森町砂原●函館市街中心部から約60km●駐車場なし●トイレあり●時期1～2、9～12月

八郎沼公園
はちろうぬまこうえん

明治時代に酪農・農業用水などのために作られた沼を中心とする公園。釣りや紅葉見物の場として親しまれているが、身近な野鳥観察地としても面白い。ミズナラやエゾヤマザクラなどの広葉樹主体の森にカラ類、キツツキ類やキビタキ、ニュウナイスズメ、クロツグミなどが見られ、スイレンの咲く沼にはカワセミやバン、カイツブリなどが見られる。

●北斗市向野●JR新函館北斗駅から約3km●駐車場あり●トイレあり●時期5～7月

南茅部
みなみかやべ

道南でぜひ見ておきたい鳥のひとつコクガンの観察地としてお勧めの場所。コクガン越冬地は函館湾ばかりでなく噴火湾側にも点在している。南茅部地区でも特にコクガンが観察しやすいのは川汲(かっくみ)川の河口周辺で、数が多いだけでなく比較的近距離からの観察が可能だ。鹿部方面まで海沿いを走りながら探すのもよい。カモメ類も多い。なお、川汲川沿いの谷にはクマタカが生息している。

●函館市南茅部町●函館市街中心部から約27km●駐車場なし●トイレなし●時期1～3、11～12月

恵山
えさん

北海道本島最南の活火山として知られる恵山は低標高の割に多彩な高山植物が見られることで名高いが、その岩場を利用してイソヒヨドリが営巣している。ビンズイなども見られ、山の鳥と海岸の鳥が同時に見られる興味深い探鳥地といえる。秋の渡りの時期にはハチクマ、ノスリ、オオタカ、ハイタカなどタカ類の渡りも観察できる場所である。

●函館市恵山町●函館市街地中心部から約40km●駐車場あり●トイレあり●時期5～6、9(後半)～11(前半)月

■観察地地名索引

[ア]
青葉公園 ……………………52
阿寒タンチョウ観察センター
……………………………142
旭ヶ丘総合公園 …………66
網走湖……………………196
嵐山公園 …………………94
石狩川河口 ………………44
いしかり調整池 …………42
石狩湾新港東浜 …………46
市来知神社 ………………88
浮島峠……………………126
ウトナイ湖………………208
卯原内……………………186
恵山………………………236
恵庭公園 …………………88
大岩園地…………………226
大沼森林公園……………226
御車沢林道………………126
長都沼 ……………………54
長流川……………………220
小樽港 ……………………56
落石………………………166
落石ネイチャークルーズ …166
帯広川……………………128
オムサロ原生花園 ………192

[カ]
神楽岡公園 ………………92
かなやま湖 ………………90
兜沼………………………118
神威岬 ……………………60
北広島レクリエーションの森
……………………………50
キトウシ森林公園………104
キムアネップ岬…………196
釧路町森林公園…………156
クッチャロ湖 ……………112
啓明………………………126
小清水原生花園…………182
コムケ湖 …………………188

[サ]
サロベツ湿原 ……………118
支笏湖野鳥の森 …………88
静内川河口………………200
篠路五ノ戸の森緑地………36
篠路団地河畔緑地 ………36
シブノツナイ湖…………188
下サロベツ ………………116
斜里漁港…………………180
春国岱……………………160
定山渓 ……………………24
白神岬……………………232
シラルトロ湖……………154
新川河口 …………………32
寿都湾 ……………………62
砂崎岬……………………236
創成川 ……………………40
測量山……………………218

[タ]
大雪山旭岳………………100
大雪山黒岳………………126
滝川公園 …………………82
滝里湖 ……………………86
智恵文沼…………………126
地球岬……………………218
千代田新水路……………130
千代の浦マリンパーク ……196
鶴見台……………………144
手稲山軽川 ………………88
天売島……………………108
濤沸湖……………………182
東明公園 …………………74
塘路湖……………………154
利根別自然休養林 ………72
豊北トイトッキ …………134
豊平公園 …………………16
鳥沼公園 …………………98

[ナ]
長橋なえぼ公園……………58
永山新川 …………………96
西岡公園 …………………12
根室市民の森 ……………196
納沙布岬…………………170
野付半島…………………172
野幌森林公園 ……………68

[ハ]
函館山……………………230
函館湾……………………230
八郎沼公園………………236
花咲港……………………164
花咲岬……………………164
春採公園…………………150
判官館森林公園…………202
東屯田川遊水池 …………40
日高幌別川………………198
ふうれん望湖台自然公園
……………………………106
袋地沼 ……………………80
ベニヤ原生花園 …………112
北大植物園 ………………88
星が浦川河口……………146
北海道大学苫小牧研究林
……………………………212
ポロト自然休養林 ………216

[マ]
真駒内公園 ………………20
円山公園 …………………10
丸山公園…………………196
南茅部……………………236
宮島沼 ……………………76
宮丘公園 …………………30
鵡川河口…………………204
明治公園…………………168
メグマ沼湿原 ……………120
藻岩山 ……………………8

[ヤ]
山の手通 …………………26
湧洞沼……………………138
遊楽部川…………………224
ヨコスト湿原 ……………236

[ラ]
羅臼漁港…………………176
利尻島……………………124

[ワ]
稚内港……………………122

ワンポイントアドバイス

ここでこの鳥 鳥種別 おすすめ観察ガイド

多くの人が見たいと思う人気の鳥たちについて、その種類別に特におすすめの観察地と、観察のコツを簡潔にご紹介しよう。「この鳥を見るならここがお勧め」という情報として参考にして欲しい。

クマゲラ

繁殖期以外は冬の森で探すのが常道だ。札幌市内など都市部の公園などでも意外に出会える場合があるが、それも運しだい。私のお勧め観察地は滝川公園（82ページ）で、四季を通して出現頻度が高い。大木や朽木が多く、クマゲラの好物である蟻が多いせいだと考えられ、オオアカゲラやヤマゲラも高い確率で出現する。

ユキホオジロ

雪原がよく似合う白い小鳥で、最も北海道らしい冬の鳥のひとつ。しかし、数は少なく、厳寒期の雪原へ行かなければ見られないので、ハードルは高い。お勧め観察地は野付半島（172ページ）で、半島先端部が観察ポイントだ。車止めから先は１㎞以上歩くことになるが行ってみる価値はある。時期は12月がベストだ。

マキノセンニュウ

センニュウ類は茂みの中から出てきてくれず、姿を見るのに苦労する鳥たちだ。シマセンニュウはまだ見やすいがマキノセンニュウとエゾセンニュウは本当に姿を見せてくれない。特にマキノセンニュウは近年減少しており、人気急上昇中。シブノツナイ湖（188ページ）とワッカ原生花園（未収録）で観察のチャンスがある。

エナガ（亜種シマエナガ）

人気者で誰もが見たくなる小鳥だが、道内の森林環境ならどこにでもいる。しかし、その半面、林内を広い範囲で動き回っているためなかなか見つけられない鳥でもある。お勧め観察地は真駒内公園（20ページ）。特に冬には出会える頻度が高い。２月頃にはカエデなどの樹液がつららになればそれを求めてやってくる。

フクロウ（亜種エゾフクロウ）

冬のねぐらで雌雄揃って休んでいる場面が微笑ましい。毎年同じ樹洞を使う傾向があるので、見つけたら翌シーズンも行ってみるとよい。北大苫小牧研究林（212ページ）や鳥沼公園（98ページ）、滝川公園（82ページ）などがお勧め。市来知神社（88ページ）では最近は見られなくなった。夏には巣立ち雛の姿もかわいい。

シマアオジ

ここ20年ほどで一気に最も絶滅が懸念されるまでに減ってしまった鳥。国内の繁殖地はサロベツ湿原（118ページ）だけが残されているが、それも風前の灯火だ。とにかく、見られる可能性がある場所はここしかない。それも木道から遠望するしかなく、近くで見られる可能性は低いので望遠鏡必携で出かけることをお勧めする。

ギンザンマシコ

夏の高山のハイマツ帯か、冬の平地のナナカマド街路樹か、二通りの観察機会があるが、ここでは夏の観察地として大雪山旭岳（100ページ）をお勧めする。姿見平の遊歩道にある展望台が観察スポット。特に第3展望台がいい。時期は6月下旬から7月にかけて。他に、知床峠（未収録）の駐車場のハイマツ帯も悪くない。

オオワシ

冬の北海道を象徴する鳥であり、多くの人の憧れの存在だ。貴重な鳥の割には冬にはあちこちで普通に見られ、例えば野付半島（172ページ）や春国岱（160ページ）がお勧めだが、冬の北海道らしさという点では流氷と共に見られる2月の羅臼（176ページ）が一番だ。ワシ観察船に乗れば間近に迫力ある姿が見られる。

エトピリカ

これも北海道ならではの鳥。ウミガラスと並んで希少性の高い海鳥だが、根室半島沖の繁殖地付近の海域へ行くクルーズ船があるので大いに利用したい。落石漁港（166ページ）から出ている「落石ネイチャークルーズ」がそれ。船上からの観察となるが撮影も可能だ。運が良ければ船の近くまでやってくることもある。

あとがき

本書は2010年に出版された『北海道野鳥観察地ガイド』のリニューアル版です。2016年の小改訂を経て、出版後10年で大幅改訂されることになりました。この増補新版の刊行は、この本が着実に安定して支持されてきたことの結果と受け止め、大変うれしく思っています。

この10年の間に、私自身が初版本を思いがけない場所で見かけることが何度かありました。地方の道の駅や高速道路のパーキングエリアで、探鳥旅行中と思われる人たちが休憩時にこの本を見ながら野鳥の話で盛り上がっている場面に偶然出くわすことがあったのです。また、講演会などの場で、直接この本を持ってこられて〝この場所を詳しく知りたい〟など質問を寄せられる方もいました。そんな時、その人たちに共通して見られるのは生き生きした表情やまだ見ぬ鳥への期待感に胸膨らませている様子でした。野鳥観察の楽しみに本書が役立っていることを実感するうれしい瞬間でした。

この10年、野鳥観察の世界は大きく変化し、野鳥を趣味とする人は着実に増加しています。道東に端を発した「野鳥観光」の概念は北海道各地に広がり、野鳥が観光の素材になることが広く認知されつつあります。道外から、鳥を見る、あるいは鳥を撮るだけのために北海道を訪れる人も増加の一途をたどっているはずです。今回の改訂では道内在住の方でも「知らなかった!」と思われるようなローカル情報・最先端情報を多く取り入れ、また道外から訪れる方にも北海道らしい野鳥観察地の魅力を肌で感じて頂けるように工夫しました。この増補新版を片手に北海道の野鳥観察地を訪れる人々との出会いが一層多くなることを願っています。

末筆ながら、本書制作に関わった関係者の皆様のご尽力に心より御礼申し上げます。

2020年2月
大橋弘一

大橋弘一（おおはし・こういち）ー野鳥写真家ー

1954年東京都生まれ。日本の野鳥全般をライフワークとして撮影し図鑑・書籍・雑誌などに作品提供するほか、著書や新聞雑誌連載で鳥名の語源由来や文学作品における鳥の扱われ方等、鳥と人との関わりをテーマとした独自の野鳥雑学を展開、好評を博す。NHKの「ラジオ深夜便」で月に一度担当している「鳥の雑学ノート」コーナーも毎回大きな反響を呼んでいる。北海道新聞、朝日新聞、ANA機内誌「翼の王国」等の連載経験を持ち、現在は月刊「俳句」（カドカワ）や「BIRDER」（文一総合出版）でも連載中。日本鳥学会・日本野鳥の会・日本自然科学写真協会各会員。早稲田大学法学部卒業。札幌市在住。「ウェルカム北海道野鳥倶楽部」主宰。

■著書（共著含む）**:**「北海道野鳥ハンディガイド増補新版」（北海道新聞社）、「野鳥の呼び名事典」（世界文化社）、「日本野鳥歳時記」（ナツメ社）、「庭で楽しむ野鳥の本」（山と溪谷社）、写真集「よちよちもふもふオシドリの赤ちゃん」「もふもふもふもふ〜ふくろうの赤ちゃん」（以上講談社）、「日本の美しい色の鳥」（エクスナレッジ）、「鳥の名前」（東京書籍）ほか多数。近刊に「美し、をかし、和名由来の江戸鳥図鑑」（PIEインターナショナル・大橋弘一監修）がある。

■大橋弘一Webサイト「野鳥写真のすべてを目指して」
https ://ohashi.naturally.jpn.com/

■連絡先:大橋弘一野鳥写真事務所「ナチュラリー」
Webサイト「写真で伝える自然の真実」
https ://www.naturally.jpn.com/

■情報提供・協力（関連探鳥地掲載順・敬称略）
日本野鳥の会札幌支部、佐藤ひろみ、川東保憲、川東知子、一條晋、山本昌子、高橋良直、横山加奈子、樋口孝城、越後弘、野村真輝、川崎康弘、湯浅史美、疋田英子、小杉和樹、室瀬秋宏、武藤満雄、久保清司、齋藤博士、新谷耕司、春田清美、佐藤義則、篠原盛雄、荻野裕子

■おもな参考文献・参考資料
「新日本の探鳥地北海道編」（文一総合出版）、「北海道野鳥だより」（北海道野鳥愛護会）第121号、126号、128号、132号、134号、135号、136号、138号、139号、140号、141号、142号、143号、144号、145号、146号、147号、150号、158号、日本野鳥の会札幌支部報「カッコウ」各号、石狩鳥報2008（石狩鳥類研究会）、小杉和樹「利尻島の野鳥リストV10.0」（利尻島自然情報センター）、「浦河の野鳥月別観察記録」（浦河探鳥クラブ）、松永克利「北海道におけるアオサギの生息状況に関する報告」（北海道アオサギ研究会）、「浦幌鳥類目録第２版2009」（浦幌野鳥倶楽部）、佐藤ひろみ「雁の中継地長都沼の行方」（JAWAN通信No.85）、河井大輔「北海道の森と湿原をあるく」（寿郎社）、寺沢孝毅「北海道島の野鳥」（北海道新聞社）、大橋弘一「北海道の自然を美しく撮る55spotガイド」（MGブックス）ほか

ブックデザイン**:**佐々木正男（佐々木デザイン事務所）

増補新版　北海道 野鳥観察地ガイド（ぞうほしんぱん　ほっかいどう　やちょうかんさつち）

2020年４月24日　初版第１刷発行
著者　大橋弘一
発行者　五十嵐正剛
発行所　北海道新聞社
060−8711　札幌市中央区大通３丁目６
出版センター　編集　011−210−5742
　　　　　　　営業　011−210−5744
https://shopping.hokkaido-np.co.jp/book/
印刷　山藤三陽印刷

ISBN 978-4-89453-982-2

観察地別早見表❷

◎ よく見られる
○ 期待できる
△ 見られることがある

※無印の場合、絶対見られないというわけではありません。

		アビ類	カイツブリ	その他のカイツブリ類	ミズナギドリ類	ウ類	アオサギ	その他のサギ類	ガン類	ハクチョウ類	淡水ガモ類	海ガモ類	アイサ類	トビ	その他のタカ類	オオワシ・オジロワシ	ハヤブサ	チゴハヤブサ	その他のハヤブサ類	エゾライチョウ	キジ類	ツル類	クイナ類	オオジシギ	その他のシギ・チドリ類	トウゾクカモメ類	カモメ類
大雪山黒岳	126P																			○							
浮島峠	126P																			◎							
御車沢林道	126P														△												
智恵文沼	126P		◎	○			◎		△	○	◎		○	○	○	◎											
啓明	126P					◎	○							○										○	○		◎
帯広川	128P		◎	△			◎			◎	◎	◎	◎	○	△	△	△		△					○	○		△
千代田新水路	130P		○	△		△	◎	△	△	◎	◎	◎	◎	○	△	◎	△	△	△			○		◎	◎		◎
豊北トイトッキ	134P	△	◎	○		◎	◎	○	◎	◎	◎	◎	◎	○	△	○	△	△	△			◎	△	◎	◎		◎
湧洞沼	138P	△	◎	○		○	◎				◎	◎	○	○	△	○						△	△	◎	○		◎
阿寒タンチョウ観察センター	142P									◎				◎	○	◎						◎					
鶴見台	144P															○						◎					
星が浦川河口	146P			◎							◎	◎		○	○	○			○								◎
春採公園	150P		◎				◎				◎	○	◎										◎				○
塘路湖／シラルトロ湖	154P		○	○			◎		◎	◎	◎	◎	◎	○		○						◎	△	○			○
釧路町森林公園	156P																										
春国岱	160P			○	△	△	◎		○	○	◎	◎	◎	○	△	◎			△			◎	○	○	◎	△	◎
花咲港／花咲岬	164P	△				◎					○	◎	◎	△	△	○											◎
落石／落石ネイチャークルーズ	166P	○		○	○	◎	△				○	◎	◎	○	○	◎	△		△						△	○	◎
明治公園	168P						○	△	△	△	○	○	△	○	○	△	△					△	△	△			◎
納沙布岬	170P	△		○		◎					○	◎	◎	△		○									△		◎
野付半島	172P			○			◎		◎	◎	○	○	○	◎	△	◎		△	△			◎		○	◎		◎
羅臼漁港	176P			△		◎					○	◎	◎	△		◎											◎
斜里漁港	180P	△		△		◎					◎	◎	◎	△		○											◎
濤沸湖／小清水原生花園	182P		○	○			◎	◎	○	◎	◎	◎	◎	○	○	◎			△			○		◎	◎		◎
卯原内	186P						○							○	○	○									◎		◎
コムケ湖／シブノツナイ湖	188P					◎	◎			○	◎	◎	○	◎	○	○	○					○			◎	△	◎
オムサロ原生花園	192P		○			◎	○							○													
千代の浦マリンパーク	196P			◎		◎					○	◎				◎											◎
根室市民の森	196P																										
丸山公園	196P		△				△	△	△	◎	◎		○	○		○											
網走湖	196P			△		△	◎			△	◎	◎	○	◎	△	○									○		
キムアネップ岬	196P			△		△	◎																		◎		◎
日高幌別川	198P	△	◎	○	△	◎	◎	○	○	○	◎	◎	◎	◎	○	○	△	△	△			△	△	○	○		◎
静内川河口	200P					○	◎		○	◎	◎	○	◎	○	△	○									△		◎
判官館森林公園	202P													○	△		△										◎
鵡川河口	204P	△		○	△	◎	◎	○	◎	◎	○	◎	○	○	○	○	△		△					○	◎	△	◎
ウトナイ湖	208P		○	△			◎	○	◎	◎	◎	○	○	△	△	○	△	△	△	△	△	△	△	◎	◎		◎
北海道大学苫小牧研究林	212P		◎				○			△	◎	◎	△	△	△	△				○					△		
ポロト自然休養林	216P			△			◎	△			◎			△		△				△	△			○	△		
地球岬／測量山	218P													○	○		○										
長流川	220P	△		△		◎	◎	△	◎	◎	◎	◎	◎	○	△	△							△		◎		◎
遊楽部川	224P	△	◎	△		○	◎	◎			◎	◎	◎	○	○	○	△							○	◎	△	◎
大沼森林公園／大岩園地	226P		○				○			◎	○	○	○	△	△	○							△		○		
函館山	230P													○	△												
函館湾	230P			△		◎	○		◎		○	◎	◎	○											○		◎
白神岬	232P														○		△										
ヨコスト湿原	236P			○		○	◎	◎	○	◎	○	◎		○		○											◎
砂崎岬	236P	△				◎	○				△	◎	△	△	○	○			○						◎		◎
八郎沼公園	236P		◎								◎							△									
南茅部	236P			△		◎			◎		△	○	△	○	△	△											◎
恵山	236P								○					○	○	○											